KB064285

닥터 커피

Dr. Coffee

닥터 커피

이진성 지음

교보문고

커피를 마실 때 나는 행복을 느낀다. 맛과 향이 뛰어난 커피를 마실 때는 더욱 그러하다. 커피를 좋아하는 사람들 모두 나와 같은 마음일 것이다. 《닥터 커피》는 매일 소소한 행복을 커피에서 찾고자 하는 이들을 위한 행복 안내서다.

커피는 그 종류가 너무나 많고 또 어떻게 가공하느냐에 따라, 어떻게 볶고, 어떻게 추출하느냐에 따라 맛이 달라진다. 이렇게 다양하게 변신하는 커피에 관심을 갖고 맛과 향에 관해 경험을 쌓으며 체득하려면 오랜 시간이 걸릴 수밖에 없다. 맛있는 커피를 마시고자 했을 뿐인데, 끝이 보이지 않는 것이다. 이 책은 그 먼 길의 지름길을 알려주는 책이라고 할 수 있다. 이제 막 커피에 관심을 갖기 시작한 사람들은 물론, 커피에 관한 더 깊은 지식이 필요한 커피업 종사자들까지, 누구에게나 반론의 여지가 없는 정확한 이론이 있다면 커피 공부가 한결 쉬워질 것이다.

커피가 우리나라에서 대중화되지 않았던 시절, 해외 파견 근무를 할 당시 우연히 맡은 커피 냄새에 반한 이래, 나는 커피를 더욱 알고 싶다는 생각으로 뒤늦게 공부를 시작했다. 커피로 박사학위를 받기까지, 오랫동안 이론을 공부하며 커피 관련 주요 해외 학술 논문을 거의 모두 섭렵했다. 여기에 25년간 커피를 볶은 경험이 더해졌다.

그 사이에 커피는 우리나라에서도 널리 사랑받는 음료로 자리 잡았다. 그래서 커피를 알고자 하고 공부하고자 하는 사람들이 더욱 늘었지 않았나 싶다. 이들에게 내가 얻은 커피의 지식과 오랫동안 실제로 커피를 볶으며 쌓은 경험을 전해주고자 이 책을 내게 되었다. 이 책은 철저히 과학적 사실에 기초했기에 조금 어려울 수는 있지만, 그만큼 책의 내용은 신뢰할 만하다고 감히 단언한다. 이 책을 통해 독자들이 커피의 맛을 좀 더 이해하고, 맛있는 나만의 커피를 찾는 데 도움이 될 수 있다면 기쁘겠다.

이 책의 추천사를 써주신 이영춘 교수님은 맥심 커피를 만든 주역으로 우리나라 최고의 커피 권위자다. 내가 이 책을 쓰는 데 바탕이 된 지식 역시 이영춘 교수님에게 배운 것이니 교수님에게 감사를 드리지 않을 수 없다. 책 출판에 도움을 준 (주)교보문고에도 감사의 인사를 전한다.

남편, 아빠가 볶은 커피가 최고라고 믿어주는 든든한 내 편 아내 조주희와 딸 원경, 아들 주원에게 이 책을 바친다.

2018년 3월
이진성

목차

1. 커피의 역사

커피나무의 조상은 에티오피아의 고원과 아비시니아(현재 소말리아인 북동 아프리카 지역)에 걸쳐서 자생하던 커피나무이며, 이곳에서는 아직도 야생 상태의 커피나무가 자라고 있다. 한편 경작을 통해 커피를 마시기 시작한 곳은 15세기 예멘이다. 예멘은 당시 무역으로 세계에서 가장 번성한 곳이었으며 그 중심에 모카 항이 있었다. 지금은 토사의 유입으로 항구 기능을 상실한 작은 어촌이지만 15세기의 모카는 커피가 세계로 퍼져나가는 출발점이었다.

역사 속에서 부를 얻기 위한 노력은 치열하게 전개되었고 그 과정에서 역사를 뒤흔든 여러 사건이 있었다. 커피를 차지하기 위한 싸움은 차와 향신료를 독점하기 위한 전쟁보다 앞서 시작되었으며, 석유가 발견되기 이전까지 부의 역사 중심에는 커피가 자리했다.

커피를 손에 넣은 이들은 독점하기 위해, 커피를 맛본 이들은 이를 손에 넣기 위해 치열한 싸움을 하며 커피의 역사가 만들어졌다. 초기에는 아랍인의 독점과 그 독점을 깨기 위한 노력이 있었고, 17세기에 프랑스와 네덜란드가 커피를 손에 넣으면서 이 보물을 지키려는 이들의 노력과 커피를 차지하려는 신흥세력의 시도가 드라마틱하게 전개되었다.

커피 역사 초기에 아랍 국가들은 커피를 중국의 차와 같은 전매 상품으로 여겨 커피 씨앗의 반출을 철저히 통제했다. 커피는 외피와 과육이 제거되어 발아가 불가능한 상태로만 수출할 수 있었다. 하지만 메카이슬람교의 창시자인 마호메트가 태어난 곳으로 이슬람교 최고의 성 지이자 로마시대부터 중요한 교역지에 순례 온 수많은 이슬람교도 중 일부에 의해 커피 종자가 퍼져 나가는 것을 막을 수는 없었다.

에티오피아에서 예멘으로 커피가 유입된 경로는 수단의 노예들이라는 설은 꽤 유력하다. 이들은 에티오피아를 거쳐 예멘으로 오면서 굶어 죽지 않으려고 과육이 붙은 상태의 커피를 먹으며 왔다. 이들이 먹고 버린 커피 씨앗이 예멘에서 야생으로 자랐다.

커피의 발견

커피가 에티오피아 아비시니아산에서 처음으로 발견된 것은 역사가들 사이에서 이견이 없다. 하지만 커피나무의 기원이나 신으로부터 받은 선물로 숭배받는 커피를 누가 먼저 마시기 시작했는지에 대한 정확한 설명은 없다.

가장 일반적으로 알려진 것이 850년경 칼디Kaldi라는 에티오피아의 목동의 이야기다. 어느 날 칼디는 염소가 수풀 근처에서 뛰노는 광경을 보게 되었다. 자세히 살펴보니 염소는 붉은 열매를 씹어 먹고 나서 활기를 띠었다. 칼디도 열매를 먹어보았더니 힘이 솟는 것을 느꼈다. 커피 열매가 발견된 순간이다. 그는 열매를 하늘이

내린 것이라고 생각해 가까운 수도원을 찾아가 자초지종을 설명했지만, 수석사제는 믿지 못하는 표정이었다. 오히려 그는 열매의 효과를 악마가 한 일로 단정하고 열매를 불에 던졌다. 얼마 지나지 않아 구운 커피의 냄새가 수도원을 가득 채워 수도사들을 유혹했다. 수석사제가 조는 사이 한 젊은 사제가 차가워진 커피를 슬쩍했다. 이 용감한 세계 최초의 바리스타가 커피콩을 물에 섞어서 만든 커피액체는 수도사들을 밤새 깨어 있게 만들었다. 머지않아 근처 수도원의 사제들에게 커피의 독특한 성질이 알려지게 되었고, 그들은 더 오랜 시간 명상하고 기도하는 데 도움이 되는 커피를 마시기 시작했다. 마침내 전 세계로 퍼져나가는 커피의 확산이 시작되었다.

커피의 이름이 유래되었다고 알려진 에티오피아의 카파Kaffa 지역은 커피가 가장 먼저 발견된 곳이며, 지금도 주요 커피 재배 지역이다. 이 지역의 커피나무는 아마도 유일하게 알려진 토종(야생) 커피나무일 것이다.

이 향기롭고 사람으로 하여금 활력이 넘치도록 만드는 열매에 관한 소식은 에티오피아의 다른 지방으로 퍼져 갈라 부족에게도 전해졌다. 갈라 전사들은 커피를 간식으로 지니고 전투에 임해 천하무적이 되었다. 오늘날에도 에티오피아의 카파와 시다모에서는 이때와 비슷한 건조식을 여전히 먹고 있다.

칼디의 이야기와는 별도로 예멘에서 전해지는 커피의 발견에 관한 또 다른 전설이 있다. 오마르Omar라는 아라비아 주술사의 이야기다. 적들에 의해 사막으로 추방당한 오마르는 기아로 죽을 위기에 처한 순간 커피나무를 발견하고 그 열매로 즙을 얻어 마침내 살아남게 되었다. 모카 인근 마을의 주민들은 오마르의 생존이 종교적 신호라고 생각했다. 커피콩의 독특한 특성은 커피가 빠르게 퍼지도록 만들었다.

커피는 에티오피아와 예멘 두 나라에 문화적으로 매우 중요하기 때문에 커피의 기원에 대해서도 에티오피아와 예멘 두 나라에 독자적인 기원설이 존재하며, 서로 양보할 생각이 전혀 없다. 에티오피아는 커피의 역사가 칼디의 전설에 따라 850년경이라고 주장하지만, 예멘 사람들은 자국에서 575년에 커피가 재배되었다고 주장한다. 문제는 어느 나라에서 커피가 발견되고 마시기 시작했는지에 대해서는 확인할 방법이 없다는 것이다.

12세기 아랍 상인 중 일부가 에티오피아로부터 커피와 함께 고향 예멘으로 돌아간다. 그들은 세계 최초로 커피를 재배해 농장을 일구고 콩을 물에 끓여서 기분을 고양시키고 만족시키는 음료를 만들었다. 이것이 잠을 재우지 않는 음료 카와qahwa 또는 kahwah로, 훗날 커피의 어원이 되었다는 설도 있다.

9세기 이전 커피 역사에 대한 많은 이야기가 있지만 커피나무의 발견과 음용에 관한 에티오피아의 기원설은 1671년 이후에나 기록이 나오며, 커피의 기원에 관한 진정한 역사가 아닌 설화로 취급된다. 반면에 가장 초기의 믿을 만한 기록은 15세기 중반부터 예멘의 수피 수도원에서 커피를 마시기 시작했다는 것이다. 수피의 수도사들은 커피를 이용해 오랜 기도 시간에 깨어 있을 수 있었다.

가장 널리 받아들여지고 있는 설은 생두가 에티오피아로부터 예멘으로 수출되었고 후에 예멘인들이 커피나무를 들여와 경작하기에 이르렀다는 것이다.

일상으로 들어온 커피

1453년 오스만튀르크(지금의 터키)인들은 콘스탄티노플의 번화한 도시 중심에 커피를 선보였다. 이들은 정향, 카다몬, 계피, 아니스를 넣어 향이 더 강하고 에너지를 채워주는 혼합물을 만들어냈다.

또 예멘에서는 아덴의 뭅티 Mufti: 이슬람 종교 지도자가 에티오피아의 시골을 방문해 커피를 마시는 주민을 보고 자신도 마셔보았다. 그의 입맛에 딱 맞았던 그 음료는 그가 지닌 몇 가지 원인 모를 통증까지도 치료했다. 그의 허가는 커피의 인기가 메카까지 확산하는 데 도움이 되었다. 메카에 종교회의를 위한 장소인 커피하우스가 골목마다 생겼다. 이 커피하우스들은 카베 케인Kaveh Kanes: 커피 하우스라는 뜻이라고 불렸다. 1475년에 콘스탄티노플에 세계 최초라고 주장하는 커피숍 키바한Kiva Han이 생긴다.

16세기에 원두를 로스팅해서 커피를 만드는 것은 일상적인 일이 되었으며 아라비아에서 커피하우스가 계속 생겨난다. 커피의 인기가 전 지역에서 점차 높아지면서 커피하우스가 사람들의 생각을 교환하는 장소가 되자 통치자는 커피하우스를 위험한 장소로 간

주하기 시작했다. 통치자는 음모와 반란을 막기 위해 커피하우스를 폐쇄하려고 하지만, 커피의 인기로 인해 이 시도는 실패한다.

메카의 부패한 주지사인 카이르 벡Khair Beg은 사람들이 커피하우스에서 시간을 보내느라 모스크의 기도에 참석하지 않는다는 이유를 들어 커피를 금지하려 했다. 커피하우스에서 자신의 통치에 반대하는 음모를 꾸밀까 두려웠던 것이다. 하지만 술탄은 오히려 그를 처형하고 커피는 신성하다고 선포한다.

이집트 카이로에서도 종교적 광신자들이 커피를 비난하고 나서자 수석 판관이 커피를 직접 마셔본 뒤 커피 마시는 사람들의 손을 들어주었다.

커피는 아라비아인에게 삶의 일부가 되었으며 집에서도 커피를 마시게 되었다. 한편 터키에서 커피가 최음제로 알려지면서 더욱 널리 보급되었다. 실제로 커피는 터키 문화의 일부가 되어 남편이 아내에게 매일 일정량의 커피를 제공하지 못하면 남편과 이혼할 수 있다는 법이 제정되기에 이르렀다.

커피의 유럽 상륙

성공한 옷감상인이자 무역상인 피테르 반 덴 브루크Pieter Van Dan Broeck는 커피를 맛본 최초의 네덜란드인 중 한 명이었다. 동인도 회사 주식을 발행하고 전쟁을 위한 권한을 부여받은 거대 기업에서 일하던 그는

1616년 예멘의 모카에서 검은색의 뜨거운 음료를 마시고 반했다. 이 것을 네덜란드로 가지고 가려 했지만 당시 발아 가능한 커피콩을 해외로 가지고 나가는 것이 불법이었다. 부르크는 결국 커피나무를 몰래 네덜란드로 가지고 간다. 하지만 이 커피나무를 키우는 데는 실패했다. 적도 지역의 따뜻한 기온에서 살아온 커피나무가 앤트워프에서는 살 수 없었던 것이다. 네덜란드 사람들은 이 식물이 원산지로부터 멀리 떨어진 날씨에서는 자랄 수 없다는 것을 곧 깨달았다. 영리한 사업가인 네덜란드인들은 커피를 단념하기는커녕 그들이 독점하다시피 하는 향신료와 같이 커피도 곧 그렇게 될 것이라고 확신했다. 그들은 커피의 잠재력이 엄청나다는 걸 예견하고는 유럽 전역에서 커피의 수요가 폭발할 때까지 기다리기로 마음먹었다.

1615년에 커피(발아되지 않는 콩)가 마침내 베네치아에 도착한다. 희귀하고 이국적인 이 제품은 처음에는 매우 부유한 사람들에게만 제공되었으며 때때로 약용으로 판매되었다. 교황 클레멘스 8세는 이탈리아 상인들이 커피를 팔고 있으며, 로마 성직자들이 이 커피를 마귀의 음료라고 비난한다는 소식을 들었다. 교황의 고문은 오스만투르크 제국, 즉 이슬람의 음료인 커피가 위협이 될 것이라고 했다. 이 논쟁을 해결하기 위해 교황은 커피를 직접 맛보았다.

"이 사탄의 음료는 너무나 맛있다. 이 음료를 이교도들만 마시게 놔두는 건 참을 수가 없다. 나는 커피에 세례를 주고 진정한 기독교 음료로 삼음으로써 악마를 속일 것이다."

고맙게도 교황은 커피를 비난하는 대신 커피를 축성하고 승

인했다. 1645년에 이탈리아 최초의 커피하우스가 등장하고 얼마 지나지 않아 이탈리아 전역에 커피 음료가 전파되었다.

커피 세계로 나가다

17세기 아라비아와 아프리카의 이슬람 국가들은 커피 생산을 독점해 부를 얻었다. 아랍인들은 커피콩의 수요가 늘어나자 커피나무를 더 철저히 단속했다. 아랍인들은 심지어 커피 열매를 삶음으로써 국경 밖의 아무도 식물을 경작할 수 없도록 했다. 그럼에도 불구하고 발아가 가능한 커피콩 중 일부는 당시에 아랍을 방문한 무역상과 순례자들에 의해 밀반출되어 커피나무는 곧 다른 지역에서도 번식하기 시작했다.

1600년 바바 부단Baba Budan은 메카에서 인도까지 발아 가능한 커피콩을 밀반출했다. 그는 커피콩을 삼켜서 국경을 빠져나오는 방법으로 성공했다. 7개의 커피 씨앗을 고향인 인도 남서부 지역으로 가져간 그는 비옥한 땅에서 비밀리에 콩을 재배했다. 그의 자손들은 지금까지도 커피를 생산하고 있다. 올드 칙Old Chik으로 불리는 이들 나무는 현재 인도가 생산하는 커피의 약 3분의 1을 차지한다. 커피 재배로 유명한 마이소르Mysore 지방의 커피가 그것이다. 바바 부단은 성인으로 칭송되었으며 그의 이름을 붙인 지역도 생겼다.

영국으로 간 커피

영국 최초의 커피하우스는 1637년 터키 출신의 유대인 이민자인 야곱이 옥스퍼드에 개업했다. 얼마 지나지 않아 파스쿠아 로즈Pasqua Rosee가 런던의 성 마이클 성당 거리St. Michael 's Abbey에 커피하우스를 열었다. 이 가게들이 영국 최초의 커피숍 기록이며, 이후 커피하우스는 영국 전역에 퍼졌다. 특히 대학 근처의 커피하우스는 '페니 대학교penny universities'라고 불리며 인기를 끌었는데, 커피 한 잔 가격인 1페니의 비용으로 책을 통해서 배우는 것보다 더 많은 것을 배울 수 있는 장소라는 의미를 담고 있다. 커피하우스에서 공유되고 완성되는 혁신적인 이론과 창조적 아이디어는 학생들뿐만 아니라 로버트 보일 경Sir Robert Boyle과 같은 선도적 과학자에게도 해당되었다. 몇 년 후 영국의 커피하우스에서 세계적 과학 싱크탱크인 영국 왕립학회Royal Society가 탄생했다.

생각이 교환되는 커피하우스의 특징을 두려워하기는 영국의 지배자 역시 마찬가지였다. 반란을 두려워한 영국의 왕 찰스2세는 1675년 12월 23일 커피하우스 폐쇄 칙령을 선포한다. 하지만 시민의 항의가 빗발치자 다음해 1월 8일 이를 취소할 수밖에 없었다.

1668년 에드워드 로이드Edward Lloyd가 연 커피하우스의 고객은 대부분 무역선의 선주들과 해상무역 상인이 있었다. 여기서 해상무역의 위험을 포함한 각종 정보가 교환되었고 로이드는 해상무역의 위험부담을 나눠 갖는 아이디어를 만들어 보험업의 선구자가 되었다. 이 커피하우스가 바로 가장 오랜 역사를 갖는 보험사 런던 로이

[그림1] 음료-커피와 보드카
Refreshments-Coffee and Vodka(1913) by Frédéric de Haenen

즈Lloyds of London의 모태라고 할 수 있다.

비엔나커피의 시작

오스트리아의 수도 빈(영어명 비엔나)이 오스만튀르크의 군대에 둘러싸인 1675년, 터키어를 할 줄 아는 프란츠 게오르그 콜시츠키Franz Georg Kolschitzky가 전선을 뚫고 구원군을 도시로 인도했다. 오스만튀르크의 군대가 퇴각했을 때 그들은 커피가 담긴 자루를 두고 갔는데, 이것이 콜시츠키에게 보상으로 주어진다. 콜시츠키는 이 커피를 사용해 중부 유럽 최초의 커피숍을 열었다. 콜시츠키는 또한 커피 찌꺼기를 걸러낸 뒤 단맛과 약간의 우유를 추가하는 메뉴를 선보였다. 시간이 한참 흐른 뒤 비엔나커피로 불리는 크림과 설탕을 넣은 커피가 탄생한 것이다.

커피나무의 반출

아랍인들이 커피 공급을 통제하고 베네치아인들이 아라비아에서 온 커피를 독점해 유럽에 커피를 공급하던 공식이 마침내 네덜란드인에 의해 깨진다. 1658년에 예멘에서 밀반출한 커피나무를 재배하는 데 성공한 것이다. 밀반출된 커피나무는 암스테르담의 왕실 소유의 식물원인 로열가든Royal Gardens의 온실에서 번식되고 철저히 보호되었으며, 이 나무의 후손은 유럽 왕들에게 귀중한 선물로 주어졌다. 또 네덜란드의 식민지 실론(현재 스리랑카)과 자바에서 커피를 재배하기에 이르렀다. 네덜란드는 이 커피를 가져와 마침내 베네치아를 제치고 유럽 커피 무역의 중심이 된다.

커피, 파리로

'카페cafe'라는 이름이 붙는 첫 번째 커피숍이 1672년 파리에 개업했다. 1710년, 프랑스인들은 아마포 봉지에 담아 묶은 커피 가루를 뜨거운 물에 담그고 원하는 농도가 될 때까지 두었다. 이로써 커피 가루가 컵에 남거나 입에 들어오는 일이 사라졌다. 커피를 추출하는 새로운 방법이 탄생한 것이다.

1714년에 암스테르담 시장은 예멘에서 반출되어 자바에서 자란 커피나무를 프랑스의 왕 루이 14세에게 선물했다. 네덜란드 왕실 식물원에 처음 이식된 후 무려 56년 만의 일이다. 루이 14세는 커피를 마음에 들어 했으며 왕실의 식물학자에게 나무를 돌보라고 말한다. 1723년 젊은 프랑스 해군 대위 가브리엘 마티유 드 클뤼Gabriel Mathieu de Clieu가 파리를 떠날 때 커피나무를 훔쳐 주둔지인 카리브해의 마르티니크Martinique에 옮겨 심는다. 커피나무를 실은 드 클뤼의 배는 위험하기 짝이 없는 대서양의 폭풍우 속에서 간신히 버티며 해적으로부터 가까스로 도망친다. 마실 물이 부족한 항해에서 드 클뤼는 자신에게 배급된 물마저 묘목에 주며 이를 지켜냈다. 그는 마르티니크의 풍부하고 비옥한 토양에 묘목을 심었으며 자라고 번식하는 동안 부하들로 하여금 이 소중한 나무를 잘 지키도록 했다. 이

나무는 이후 프랑스 식민지에서 경작되는 모든 커피의 선조로 1777년까지 1만 8,680그루 이상의 커피나무가 이 섬에서 자랐다. 전 세계 커피나무의 많은 부분이 드 클뢰의 나무로부터 시작된 것이다.

커피 역사에 빠지지 않는 드 클뢰의 고생담과 상관없이 그가 묘목을 가져오기 전에 이미 서반구에 커피가 자라고 있었다.

세계에서 가장 오래된 커피숍

1686년 이탈리아인 프란체스코 프로코피오 데 콜텔리Francesco Procopio dei Coltelli가 개업한 카페 프로코페Cafe Procope는 파리에서 가장 오래된 카페로, 지금도 여전히 운영되고 있다.

또 베네치아의 피아자 산 마르코Piazza San Marco에 1720년 개업한 카페 플로리안Cafe Florian은 개업 당시의 모습 그대로 현재까지도 영업을 하고 있다는 측면에서는 프로코페보다도 오래된 카페로 볼 수 있다.

신대륙으로 건너간 커피

17세기 초에 커피가 아메리카 대륙으로 진출했다. 북아메리카의 뉴암스테르담 네덜란드 서인도회사가 1625년 7월 뉴욕의 맨해튼 남쪽 끝에 건설한 식민도시으로 온 네덜란드 상인들이 커피를 가져왔다. 불과 4년 후 영국은 뉴암스테르담을 장악하고 뉴욕으로 이름을 바꾼다. 그때 이미 커피는 주민들 사이에 인기 음료로 자리 잡은 상태였다. 뉴욕 최초의 커피하우스는 커피와 함께 맥주, 와인, 차, 초콜릿 음료 등을 판매했다. 음식도 제공되고 방도 빌려주는 등, 커피하우스보다는 선술집에 더 가까웠다.

유명한 포카혼타스Pocahontas의 이야기에도 커피가 등장한다. 영국의 식민지 개척자 중 한 사람인 모험가 존 스미스John Smith 선장은 강을 오르며 먹을 것을 찾고 있던 중 포우하탄Powhatan 부족에게 붙잡히고 만다. 처형당하기 직전에 추장의 아름다운 딸인 포카혼타스 공주가 가로막았다. 그녀는 스미스의 몸을 감싸며 몽둥이세례를 대신 받고자 했다. 추장은 딸의 동정심에 마음이 누그러졌고 스미스를 풀어주었다. 스미스는 포카혼타스와 커피를 한 잔 나눈 뒤 모자를 잡고 감사를 표하며 윙크를 했다. 그러고는 얼굴이 빨개진 포카혼타스 공주를 두고 떠났다고 한다. 실제로 그의 책 《여행과 모험》에 코파coffa로 알려진 터키 음료에 대한 언급이 있다.

세계 최대 커피 재배국의 시작

브라질 출신의 프란치스코 드 멜로 팔헤타Francisco de Melo Palheta는 프랑스와 네덜란드 식민지 간 국경 분쟁을 해결하기 위해 1727년 파견되었다. 하지만 그의 진짜 목적은 커피나무를 훔치는 것이었다. 그는 카이엔Cayenne 주지사의 아내인 도빌리어D' Orvilliers 부인을 유혹해 훗날 브라질 커피 산업의 원조가 될 커피 모종을 담은 꽃다발을 얻어냈다. 당시 프랑스는 다른 곳에서 커피가 재배되지 않도록 커피나무를 엄격히 통제하는 상황이었다. 멜로 팔헤타가 가져온 이 귀중한 커피로 인해 브라질은 세계 최대 커피 재배국이 되었다.

자메이카 커피의 기원

자메이카의 영국 총독인 니콜라스 로스Nicolas Lawes 경은 1730년 커피나무를 자메이카로 가져와 세인트 앤드루의 산기슭에 심는다. 이 나무가 비옥한 땅에 빠르게 퍼지며 블루마운틴 커피가 탄생했다.

중남미, 동아프리카, 하와이, 베트남, 오스트레일리아

네덜란드인들이 1718년 남아메리카 대륙의 북동부에 위치한 수리남에 커피를 심은 것을 시작으로 남아메리카는 커피의 중심이 된다. 브라질의 파라Para에 프랑스령 기아나의 커피나무가 이식되었고 고아Goa로부터 온 커피는 리우데자네이루에 심어졌다.

1779년에는 쿠바의 커피가 코스타리카에 이식되었고, 1790년에는 멕시코에서 커피가 처음 경작되었으며, 1825년에는 리우데자네이루 근처의 커피가 하와이로 이식되어 미국 커피가 탄생했다.

1878년 영국인 정착민에 의해 케냐를 비롯한 동아프리카 지역에 커피 재배가 시작되었다. 프랑스인들은 1887년 통킨(지금의 베트남)에 커피나무를 재배하기 시작했다.

1896년 오스트레일리아의 퀸즐랜드에 커피가 심어졌다.

평등의 상징이 된 커피

1악장으로 이루어진 오페레타 형식의 〈커피 칸타타는Kaffee Kantate〉는 요한 제바스티안 바흐Johann Sebastian Bach가 1732년 커피를 예찬하기 위해 작곡한 곡이다. 이 곡은 여성이 커피를 마시는 것을 막기 위한 독일 내 움직임(커피가 여성으로 하여금 불임을 야기한다고 믿었다)에 대한 반대 성명과 같은 것이었으며, 평민이 커피를 마시는 것을 막으려는 상류층과 왕족에 대한 비판이기도 했다.

차의 나라 영국과 커피의 나라 미국

영국은 1757년 동인도회사를 지배하는 네덜란드 및 프랑스와의 커피 거래를 포기했다. 커피가 사라진 자리는 짧은 시간에 차가 차지하며 영국을 대표하는 음료가 되었다.

그러던 차에 영국의 왕 조지 3세는 차에 과다한 세금을 물려 보스턴 주민들을 화나게 했고, 1773년 아메리카 원주민 인디언으로 분장한 보스턴 시민들이 항구에 있는 영국 배에 승선해 차를 바다에 던져버렸다. 이 사건은 미국인 사이에서 음료로 사랑받던 차가 커피로 대체되는 중요한 변화의 계기가 되었다. 커피를 마시는 것 자체가 독립에 대한 갈망의 표현이 되었다. 이전에는 부유한 계급이 주로 커피를 마시고 서민층은 차를 많이 마셨지만, 보스턴 차 사건을 기준으로 이 관습은 완전히 바뀌었다.

프로이센의 생두 수입 금지

프로이센의 프레드릭 대제는 부富의 고갈을 이유로 1777년 생두 수입을 금지한다. 하지만 대중의 엄청난 항의가 이어지자 곧바로 이 정책을 포기했다.

커피의 발전

1901년, 시카고의 화학자 카토 사토리Kato Satori가 최초의 수용성 인스턴트커피soluble coffee 발명하며 인스턴트커피의 역사가 시작된다. 1906년 과테말라에 살고 있던 영국인 화학자 조지 콘스탄트 워싱턴George Constant Washington은 은으로 된 주전자의 주둥이에 가루 형태의 결로가 생긴 것을 발견한다. 이를 아이디어 삼아 실험을 시작해 최초의 양산 가능한 인스턴트커피를 만들었으며, 1909년 붉은 E 커피Red E Coffee라는 이름으로 판매를 시작한다. 이후 커피와 관련한 다양한 기술적 발전이 이루어진다.

디 카페인 커피

독일 커피 수입업자인 루드비히 로젤리우스Ludwig Roselius와 그의 조수 카를 비머Karl Wimmer는 1903년에 맛을 훼손시키지 않고 커피콩에서 카페인caffeine을 제거하는 과정을 발견했다.

현대식 커피 로스터

현대 커피 로스터는 1906년 미국에서 자베스 번즈Jabez Burns
에 의해 발명되었다. 전기팬과 전기모터로 인해 현대적인 커피 로스
팅 및 가공 장비의 시대가 열렸다.

최초의 종이 필터 드립

최초의 드립 커피 필터는 독일 주부 아멜리에 아우구스트 밀
리타 벤츠Amalie Auguste Melitta Bentz에 의해 1908년 탄생했다. 과추출
에 의해 생기는 쓴맛을 없애길 원했던 그녀는 마침내 끓는 물을 커
피 가루 위에 쏟아부어 가루는 걸러 내고 액체만을 통과시키는 아
이디어를 떠올렸다. 벤츠는 어느 날 아들의 압지를 보고 둥글게 잘
라 필터를 만들어 금속 컵에 넣었다. 그녀의 커피 필터와 여과지는
1908년에 특허를 받았다. 그해 말에 그녀는 남편 휴고Hugo와 함께
'밀리타 벤츠' 회사를 창립했으며, 1909년 독일의 라이프치히 박람회
Leipziger Fair에서 1만 2,000개의 필터를 판매했다.

동결커피의 등장

스위스의 식품기업 네슬레Nestle는 1938년 브라질의 커피 과
잉 생산 문제를 해결하는 동결 건조 커피를 발명했다. 이 신제품은
네스카페Nescafe라는 이름으로 스위스에서 판매되기 시작했다.

전쟁과 커피 확산

제2차 세계대전 중에 미군의 커피 수요가 증가하면서 세계적으로 커피가 부족해지며 대중은 커피를 배급받게 된다. 1942년부터 병사들은 군용 식량키트 속의 맥스웰 하우스Maxwell House 인스턴트커피로 커피에 대한 갈증을 해결한다.

에스프레소 머신 발명과 발전

세계 최초의 스팀을 이용한 에스프레소 머신이 프랑스에서 발명되었다. 루이 버나드 라보Louis Bernard Rabaut라는 프랑스인이 1822년 스팀을 이용해 뜨거운 물이 커피 가루를 통과하는 추출기를 개발해 에스프레소 머신의 초기 버전을 만들어냈다.

1905년 이탈리아 제조사 라 파보니La Pavoni가 최초의 상업용 에스프레소 머신을 만들었다. 피스톤링과 수동 레버를 이용해 고온 고압에서 추출하는 진정한 의미의 현대식 에스프레소 머신은 1946년 이탈리아인 아킬레 가지아Archille Gaggia에 의해 발명되었다. 이 발명으로 인해 커피의 진정한 맛과 향을 추출하게 되었으며 두터운 크레마crema: 에스프레소 원액 위의 황금색이나 갈색의 크림를 만들게 되었다.

현재의 커피

커피는 세계에서 가장 인기 있는 음료가 되었다. 국제커피기구에 의하면, 2015년 10월~2016년 9월 기준 60kg 백으로 1억 5,130만 백을 소비했다. 이를 환산하면 매일 전 세계적으로 22억 5,000만 잔에 해당하는 커피를 소비하고 있다.

우리나라의 커피

우리나라에서 커피를 처음 마신 사람은 고종황제로 알려져 있다. 1896년 러시아 공관으로 피신했을 당시 마셨던 것이 최초라고 전해진다. 1년간 러시아 공관 생활 당시 커피에 매료된 고종은 이후 환궁해서도 계속 커피를 즐겼으며 1898년 신하들에게 커피를 하사한 기록이 있다.

이후 1902년 독일인 앙투아네트 손탁Antoinette Sontag이 왕실에서 하사받은 정동의 땅에 서양식 건축물인 손탁호텔을 지어 1층에 정동 구락부라는 커피숍을 개업한다. 이것이 우리나라 최초의 커피숍이다.

1950년 한국전쟁에 참전한 미군의 전투식량이 암시장에서 거래되었는데, 이때 인스턴트커피가 국내에 소개되었다. 이로 인해 우리나라에서는 커피 하면 인스턴트커피를 떠올리게 되었다. 1970년 미군 식량키트 속에 있던 바로 그 커피가 기술제휴로 우리나라 동서식품에서 생산되어 판매되기 시작한다.

중국의 커피

1860년경부터 20세기 초반까지 아편 전쟁의 결과로 인해 중국의 많은 토지가 다른 나라에 조차되었다. 조차한 국가는 영국, 프랑스, 미국, 러시아를 비롯한 서구와 일본으로 이들 국가는 중국에 해안도시를 건설하고 서양식 건축물을 세울 권리를 양도받았다.

중국 내 조차 구역 거주 유럽인들은 치외법권을 가지고 있어 원하는 것을 자유롭게 할 수 있었는데, 그중 하나가 커피를 마시는 것이었다. 예를 들어 상하이 국제 정착지 안에는 유럽식 극장 및 공원과 함께 차별의 상징으로 종종 등장하는 푯말 '개와 중국인 출입 금지'를 내건 커피 하우스가 있었다.

중국은 커피 재배국이기도 하다. 프랑스인에 의해 19세기 후반에 경작이 시작된 윈난 남부 지방의 커피 농장은 기후, 토양 및 지형이 커피의 한 종인 아라비카에 적합했으며 품질은 국경 바로 건너편 베트남의 고지대에서 자란 다른 종인 로부스타보다 좋았다. 하지만 역설적이게도 중국인이 가장 많이 소비하는 커피는 로부스타 콩으로 만든 인스턴트커피로 그 95%가 베트남산이다.

중국은 커피 생산국으로 빠르게 성장하고 있는 나라다. 현재 세계 여러 곳에서 온 커피 개척자들이 윈난의 고원지대에 자리 잡기 시작했다. 젊고 활력이 넘치며 종종 생태와 공정무역에 관한 지구적 운동을 하는 사람들이 현지 재배자와 협력해 기술 교환 및 생산후처리 시설을 협업할 수 있는 벤처 기업을 세우고 있다.

일본의 커피

일본에 커피가 전해진 것은 에도시대(1603~1868년) 초기의 나가사키 데지마에 네덜란드 상관의 설립(1641년) 전후라 여겨진다. 하지만 일본인들에게 커피가 널리 알려지게 된 것은 한참 후인 메이지시대(1868~1912년) 중반 이후다. 서방에서 커피하우스들이 속속 오픈하고 커피 문화가 개화하던 무렵의 일본은 에도시대의 엄격한 쇄국 정책이 시행되고 있었던 탓이다. 따라서 외국인과 접촉할 수 있었던 공무원, 상인, 통역, 유곽에서 일하는 유녀 등 제한된 일본인만 간신히 커피의 맛을 알 수 있었다.

커피가 전래된 초기에는 거부반응을 보였던 일본이지만, 메이지시대에 들어서면서 서양 문화의 상징인 커피를 적극적으로 받아들였다. 이는 서양의 문물을 받아들여 서양인과 적극적으로 교류하고자 하는 일본의 문명개화에 대한 동경이기도 했다. 나가사키, 고베, 요코하마, 하코다테 등에 잇달아 외국인 거류지가 만들어지고 그곳에서 외국인으로부터 접대를 받거나, 요코하마 등에 외국인을 대상으로 한 호텔이 만들어져 커피를 마실 기회가 점점 늘어났다. 또 사신이나 시찰, 유학 등으로 유럽 등지로 진출해 서양식 식사를 경험한 사람도 늘었다.

그래도 처음에는 소수의 상류층을 대상으로 하는 고급 음료였다. 1888년 일본 최초의 본격적인 커피 가게는 미국 유학 후 교육자를 지낸 데이 에이케이鄭永慶가 도쿄 우에노의 서쪽 구로몬에 연 '여부 찻집可否茶館'이었다. 문학가나 예술가들이 모이는 프랑스의 카폐를 염두에 둔 이 카페는 아쉽게도 몇 년 후에 폐점했다. 다방이 여러 개 생겨나 문화예술인을 중심으로 한 커피 문화가 일본에 뿌리내리기 시작한 것은 메이지시대 끝 무렵이었다. 일본의 커피 문화의 선구자는 '빵의 모임'이라는 커피 애호가 모임 구성원들이었다. 모리 오가이의 주도 아래 1909년에 창간된 문예지 〈스바루〉의 멤버인 기타하라 하쿠슈 등이 니혼바시 고아미조의 '메이슨 코노스'에서 매달 모임을 가졌다. 이 가게에서는 정통 프랑스 요리와 양주를 마실 수 있었으며 프렌치 로스트 커피도 맛볼 수 있었다. 메이지시대부터 다이쇼시대(1912~1926년)에 걸쳐 이러한 문화 살롱 역할을 하는 카페가 퍼져나갔지만, 일반인에게는 문턱이 여전히 높았다.

그럴 때 생긴 '카페 파울리스타'는 처음에는 소설가와 문학 청년들의 사교장이었지만, 일반인이 부담 없이 들를 수 있는 가격과 분위기로 순식간에 인기를 얻어 다이쇼시대의 전성기에는 전국에 지점이 20여 곳에 달할 정도였다. 당시 고급 서양 요리점 쁘렝땅의 커피가 15전이었던 반면 파울리스타에서는 5전에서 마실 수 있었다. 카페 파울리스타는 커피의 대중화를 이룬 가게로 큰 족적을 남겼다.

하지만 제2차 세계대전이 시작되자 커피는 '적국 음료'로 수입이 중단되면서 일본인의 생활에서 한때 커피가 사라진다. 전쟁이 끝나고 1950년부터 수입이 재개되었으며, 일본은 현재 전 세계 시장에서 중요한 커피 수입국으로 자리 잡았다.

2. 커피나무

커피나무는 꼭두서니Rubiaceae과 科에 속하는 쌍떡잎식물로, 크게 두 가지로 나눌 수 있다. 아라비카Coffea Arabica 종과 로부스타 Coffea Canephora 종이다. 생산 규모로 볼 때 아라비카 커피가 전 세계 생산량의 70%를 차지하고 로부스타 커피가 25% 정도를 차지한다. 이 밖에 전 세계 생산량의 5% 정도를 차지하는 리베리카Coffea Liberica 종이 있다. 1970년대 이후 맛이 우수한 아라비카종의 생산량은 늘었지만 특유의 고무 탄 것 같은 냄새가 나고 카페인 함량이 높은 로부스타종의 생산은 머물러 있어 아라비카종이 차지하는 비율이 점차 증가하고 있다.

로부스타는 기니에서 우간다까지 적도 지대의 숲 전체에 걸쳐 야생종으로 발견되지만 아라비카 야생종은 오직 에티오피아와 북동 아프리카의 산악지대 숲에서만 자생한다. 이 나무들이 전 세계 커피나무의 조상인 셈이다.

씨앗이 발아해서 떡잎이 나온 뒤 잎이 3쌍 정도 자라면 옮겨 심는다. 이렇게 커피 묘목을 옮겨 심고 나서 3~4년이 지나면 흰색의 달콤한 향을 풍기는 꽃이 피기 시작한다.

열매를 맺기 위해 수술의 화분 花粉 이 암술머리에 옮겨 붙는 일을 수분이라고 한다. 아라비카종은 한 꽃에 암술과 수술을 다 가지고 있어 자기 화분가루를 암술에 묻히는 자가수분을, 로부스타종은 한 나무에 암술을 가진 꽃과 수술을 가진 꽃이 따로 피어 수술의 꽃가루가 암술에 날아가 수분하는 타가수분을 한다. 수분되는 비율이 높아야 많은 열매를 맺을 수 있기 때문에 벌을 커피 재배지 옆에 치는 것이 수분에 많은 도움을 준다는 연구가 있다. 커피나무의 열매는 속에 두 개의 씨를 지니고 있다. 이것이 우리가 커피콩으로 부르는 것으로, 실제로는 콩과 상관없는 씨다.

　　　　미국스페셜티커피협회Specialty Coffee Association of America, SCAA: 스페셜티 커피의 기준을 만들고 관련 대회와 전시회를 개최하는 비영리 단체 임원이며 식물학자인 엠마 세이지Emma Sage의 '커피나무를 행복하게'라는 칼럼을 보면, 좋은 커피를 생산하기 위해서는 먼저 커피나무의 유전적 품질이 우수해야 한다. 여기서 생산되는 커피콩은 새로운 묘목이 되어 좋은 유전적 품질을 퍼뜨리게 된다. 또한 커피나무가 자라는 토양과 기후 등 생육 조건이 우수해야 한다. 유전 조건과 생육 조건이 우수하다면 나머지는 커피 농장에서 얼마나 정성들여 나무를 관리하느냐에 달려 있다. 다른 모든 농작물에도 동일하게 적용되는 원칙인 햇빛과 바람과 물, 비옥한 토양을 유지시켜주어야 한다. 엘니뇨, 라니냐 등 기후 이변이 속출하는 이 시대야말로 커피 농부의 헌신적인 노력이 없다면 맛있는 커피를 즐기는 것은 불가능한 일이다.

　　　　커피의 역사는 에티오피아의 고원지대와 북동 아프리카의 야생 커피나무로부터 시작되었다. 우리가 마시는 커피는 이 나무로부터 인간에 의해 전 세계로 퍼져나간 것이다. 다시 말해 자연에서

[그림 2] 커피나무의 가지와 꽃

[그림 3] 커피 잎과 열매

채집을 통해 얻은 것이 아니라 인간이 노동력을 투입해 경작함으로써 얻은 것이다. 에티오피아의 고원이라는 특별한 자연조건에서 자라난 커피나무는 유전적 분화가 활발하게 이루어지지 않아 온갖 외부 조건에 맞서 싸울 유전적 다양성을 갖추지 못한 상태였다.[1] 따라서 다른 곳으로 옮겨 심으면 그곳의 자연에 쉽게 적응하지 못한다. 먼 곳에서 이주해온 커피가 새로운 곳에 자리 잡고 새로운 병충해와 곰팡이와 싸울 힘이 생기려면, 여러 세대를 거쳐 유전자를 단련해야 할 시간이 필요하다. 그런데 커피가 세계 곳곳에서 경작되기 시작한 것은 종자의 빠른 이동이 가능한 대항해시대 일이므로, 좋은 품질의 커피를 얻기 위해서는 농부가 농약을 살포하고 비료를 주는 등 잘 관리해야 한다.

커피나무가 자라기에 좋은 환경: 경작 위치

커피나무는 열대 상록 관목인 코페아 속에 속하는 식물로 북회귀선과 남회귀선 사이에서 자란다. 아라비카종의 커피나무는 진한 녹색 타원형 잎을 가졌고 야생에서 최대 10m까지 자라지만, 경작할 때는 열매를 따기 쉽게 2~3m 수준에서 가지치기를 한다. 커피의 열매는 토질과 양분, 일조량 등에 따라 다르지만 아라비카종의

---

[1] 라쉬메르 외 Lashermes, Combes, Robert, Trouslot, D'Hont, Anthony, et al., 1999

경우 6~8개월 로부스타종은 9~11개월의 익어가는 시간이 필요하다. 씨는 타원형이며 로부스타 씨가 아라비카 씨보다 작다.

경작지는 커피 재배 성공의 가장 큰 변수다. 커피를 재배하고자 하는 곳은 먼저 기온 및 강수량, 계절의 변화 등 기후가 커피나무 생육에 알맞아야 하며, 경사도 등 지형, 토양의 특성 등이 재배에 큰 영향을 끼친다. 이런 특성은 농부들이 쉽게 바꿀 수 있는 것이 아니다. 또한 과거에 어떤 식물이 토양에 재배되었는지도 영향을 끼친다.

예를 들어 커피콩을 여물게 만드는 요인으로 계절의 변화가 있는데, 추운 계절에 느리게 여무는 것이 단단한 구조의 커피를 만드는 조건 가운데 하나다. 하지만 추위와 서리에는 무척 약하다. 특히 서리가 내리면 열매와 잎이 모두 떨어진다. 따라서 커피는 1년 내내 서리가 내리지 않는 곳에서만 경작할 수 있어 적도를 중심으로 북회귀선과 남회귀선이 커피의 재배 한계선이 된다.

우리나라에서 커피나무를 기르지 못하는 이유도 서리 때문인데, 최근 제주도 등 남쪽 지방에서 커피를 시험 삼아 재배하는 곳이 생겼다. 이곳 농장들은 열매를 얻기 위해 비닐하우스 등 서리에 의한 낙화 방지를 위한 시설을 갖췄다.

추위에 약하다고 해서 커피가 무조건 더운 기후에서 잘 자라는 것도 아니다. 커피나무의 연약한 잎은 강하게 내리쬐는 햇볕에서는 모두 타버리고 만다. 따라서 비교적 고도가 높은 곳에서 경작한다. 북회귀선과 남회귀선 부근만이 고도가 낮아도 생육이 가능하며, 그로부터 적도에 가까워질수록 재배 고도가 조금씩 높아져 적도 근처에서는 경작지의 고도가 최소 1,000m에서 수천m에 달한다. 케냐와 탄자니아에 걸쳐 있는 킬리만자로Kilimanzaro가 대표적인 예다. 킬리만자로산과 메루Meru산에는 세계에서 가장 사랑받는 커피인 케냐와 탄자니아 커피의 경작지가 몰려 있다.

수분 공급도 무척 중요해서 경작을 새로 시작한 지역은 자연에만 의존하는 수분 공급의 비생산성을 개선하기 위해 관개수로를 만들기도 한다. 나무가 잘 자라도록 수분 균형을 맞추기 위해서는 배수 역시 수분 공급 못지않게 중요한 역할을 한다.

또 커피나무의 종류에 따라 생육 조건이 다르다. 아라비카종의 경우 이상적인 생육 평균 기온은 15~24℃이며, 더 고온 다습한 조건에서 생육이 가능한 로부스타는 24~30℃에서 잘 자란다. 연간 1,500~3000mm의 강우량이 필요하며 아라비카종이 로부스타종에 비해 강수량이 적어도 잘 자란다. 로부스타종은 해수면과 해발 약 800m 사이에서 자라는 반면, 아라비카종은 더 높은 고도에서 잘 자라며 종종 언덕이 많은 지역에서 재배된다.

적도 기니에서 우간다에 이르는 중앙아프리카 저고도의 열대 숲에서 자라는 로부스타는 가혹한 세균과 해충으로부터 자신을 보호하기 위해 생화학 물질을 많이 만들어낸다. 이 때문에 아라비카종보다 병충해에 강한 품종으로 자리 잡았지만, 강한 항세균 물질은 한편으로 아라비카에 비해 거친 커피 맛의 원인이기도 하다.

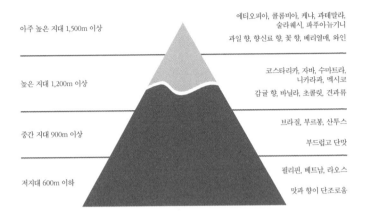

아주 높은 지대 1,500m 이상   에티오피아, 콜롬비아, 케냐, 과테말라, 술라웨시, 파푸아뉴기니

과일 향, 향신료 향, 꽃 향, 베리열매, 와인

높은 지대 1,200m 이상   코스타리카, 자바, 수마트라, 니카라과, 멕시코

감귤 향, 바닐라, 초콜릿, 견과류

중간 지대 900m 이상   브라질, 부르봉, 산투스

부드럽고 단맛

저지대 600m 이하   필리핀, 베트남, 라오스

맛과 향이 단조로움

[그림 4] 재배 고도에 따른 맛과 향 비교

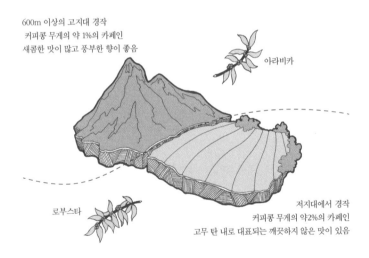

600m 이상의 고지대 경작
커피콩 무게의 약 1%의 카페인
새콤한 맛이 많고 풍부한 향이 좋음

아라비카

로부스타

저지대에서 경작
커피콩 무게의 약2%의 카페인
고무 탄 내로 대표되는 깨끗하지 않은 맛이 있음

[그림 5] 커피나무 종류에 따른 경작지

일조량 : 그늘 관리

한낮의 강한 햇볕을 막아주는 그늘 역할을 하는 나무 밑에서 커피나무를 자라게 하는 것은 커피 맛에 많은 영향을 미친다.

광합성은 태양으로부터의 에너지를 사용해 공기 중 이산화탄소를 나무의 식량인 당으로 바꾸는 일을 한다. 그러나 너무 강한 햇볕은 나무 광합성 조직을 영구히 파괴하기 때문에 커피나무를 바나나 나무 등 큰 나무의 그늘 밑에 키우는 경작법이 필요하다.

커피나무는 하루 일조량의 35~65%만을 쬐는 게 좋다고 한다. 이렇게 그늘에서 자란 커피의 열매는 병원균에 감염되는 확률이 줄어든다. 그 결과 해충이나 병원균을 퇴치하기 위해 나무가 만들어내는 항균, 방충 물질들인 타닌tannins, 테르페노이드terpenoids, 카페인이 속한 알칼로이드alkaloids와 플라보노이드flavonoids 등을 덜 만들어내 커피 맛이 부드러워진다. 우리에게 각성 효과를 주는 카페인이 식물에서는 항균 역할을 하는 것이다.

또한 그늘은 열매가 익어가는 시간을 연장시키는데, 덕분에 열매는 더욱 알차고 단단하게 여문다. 어린나무일수록 연약한 잎을 태워버릴 수도 있는 강한 햇빛을 차단하는 것이 더 중요하기 때문에 그늘막을 치는 경우도 종종 있다. 그늘을 제공하는 나무의 관리에 대한 정형화된 방법은 없지만 일부러 그늘을 위한 목적으로 나무를 심는다면 이왕이면 바나나 나무나 아보카도 나무같이 과실을 얻을 수 있고 토양에는 질소 성분을 증가시키는 등 추가 이익을 얻을 수 있는 나무를 심는 것이 좋다. 이들 나무는 바람막이 역할도 겸한다. 구름이 많이 끼는 고지대에서는 구름이 종종 그늘막 역할을 한다.

토양 관리

　　모든 농사와 마찬가지로 커피 농사에서도 토양의 영양 상태를 지속적으로 파악해서 유기질 퇴비를 주거나 비료를 주는 적극적인 조치가 필요하다. 이렇게 비옥한 토양을 만들고 유지하는 것은 농부의 몫이다.

　　앞서 전 세계의 모든 커피는 에티오피아의 커피나무로부터 퍼져나갔다고 이야기했다. 예멘과 인도를 거쳐 인도네시아를 터전으로 삼은 커피나무를 살펴보면 커피의 유전적 형질 외에 재배 조건이 커피에 얼마나 많은 영향을 끼치는지 잘 보여준다. 에티오피아의 달콤하고 새콤하지만 구수한 맛은 부족한 커피의 특징은 인도네시아의 토양과 기후에서는 단맛과 신맛을 거의 찾아볼 수 없는 구수하고 진한 맛이 나는 커피로 탈바꿈한다.

　　재배 환경이 커피 품질에 영향을 주는 또 다른 예로 이 책 커피의 역사에서 등장하는 가브리엘 마티유 드 클뤼에 의해 마르티니크섬에서 자라 카리브제도와 서인도제도로 퍼진 커피를 들 수 있다. 이 커피는 자메이카섬에 이식되어 최고의 품질을 자랑하는 블루마운틴 커피가 되었다. 910~1700m에 이르는 고지대에 위치한 농장에서 나오는 커피를 블루마운틴이라 부르며, 460~910m에서 나오는 커피는 자메이카 하이마운틴, 460m 이하에서 나오는 커피는 자메이카 수프림 또는 자메이카 로우마운틴이라고 한다. 같은 자메이카 커피일지라도 이들의 가격과 품질에는 큰 차이가 있다. 이는 유전적 형질보다는 재배 환경에 따라 커피의 품질이 얼마나 다양하게 변할 수 있는지 잘 보여주는 사례다.

브라질 리우데자네이루 근처 농장에서 하와이로 옮겨 심어진 커피나무는 또 다른 특징을 가진 훌륭한 커피를 만들어낸다. 하와이 코나섬은 화산재가 많아 비옥하고 배수가 잘되는 토양과 높은 고도로 낮에는 구름이 몰려오고 밤에는 서늘해지는 환상의 재배 조건을 내세워 하와이언 코나라는 훌륭한 품질의 커피를 생산하고 있다.

커피 열매

로스팅 전 상태의 커피를 생두라고 말하며, 보통은 커피 열매 안의 씨를 의미한다.

커피 열매는 총 다섯 개의 층으로 이루어져 있다. 표면의 껍질과 과육, 그 안의 끈적끈적한 펙틴층, 파치먼트, 실버 스킨, 씨앗인 커피콩이 그 구성이다.

1. 껍질skin과 과육pulp: 체리 같은 모양 때문에 커피 체리라고

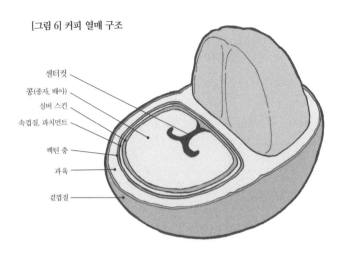

[그림 6] 커피 열매 구조

센터컷
콩(종자, 배아)
실버 스킨
속껍질, 파치먼트
펙틴 층
과육
겉껍질

도 불리는 껍질과 과육이 씨를 둘러싸고 있다. 과육은 말려서 차를 만들기도 하지만 대체로 부산물로 간주된다. 따라서 자연 건조 커피를 제외하면 수확 후 몇 시간 안에 이 외피를 제거한다.

2. 펙틴층pectin layer 또는 점액질mucilage: 껍질 안쪽에는 끈적끈적한 점액의 얇은 막이 있다. 이것은 과일에 끈적이는 느낌을 주게 하는 물질인 펙틴으로 수용성 다당류다. 펙틴은 셀룰로오스cellulose-헤미셀룰로오스hemicellulose 네트워크를 둘러싸는 수화된 겔로, 갈락토오스galactose의 산화물인 갈락투론산galacturonic acid이 주성분이다. 너무 끈적끈적하기 때문에 허니honey라고도 불린다.

3. 파치먼트parchment : 점액질 안쪽은 셀룰로오스 층으로 파

치먼트라고 불린다. 파치먼트는 양피지를 의미하는데, 씨를 둘러싼 이 부분이 꼭 양피지와 같은 질긴 모양을 하고 있기 때문이다.

4. 실버 스킨silver skin: 파치먼트 안쪽으로는 더 얇은 층이 씨를 덮고 있다. 이 층은 은빛을 띠는 광택 때문에 실버 스킨은피이라고 불린다. 로스팅 과정 중에 벗겨져 로스팅기의 챕chaff 콜렉터에 모여진다.

5. 커피콩coffee bean : 커피콩은 열매 속 두 개의 씨를 말한다. 다만 커피 열매 내부에 하나의 작고 둥근 씨만이 들어 있는 피베리peaberry도 있으며, 그 비율은 약 5% 정도다.

피베리 열매 가운데 5~10% 정도는 열매 속에 커피콩이 하나만 존재하며 조금 작고 둥글게 생겼다. 이것을 피베리라고 부른다. 처음에는 결점두로 취급되어 버려졌던 피베리는, 두 개의 생두에 가야 할 영양소가 한 개의 알맹이에 모이는 바람에 일반 생두보다 맛과 향이 뛰어나다는 의견이 나오면서 인기를 얻기 시작했다. 그 뒤 결점두로 골라내지 않게 된 것은 물론, 피베리만 따로 모아서 커피로 상품화되기도 한다. 하지만 맛과 향이 뛰어나다는 평가가 과학적으로 증명되지는 않았다.

[그림 7] 일반 원두와 피베리의 차이점

일반 원두　　피베리

3. 커피의 수확 및 가공

커피나무는 지역에 따라 1년에 두 번 꽃을 피운다. 이런 지역에서는 수확 역시 두 번에 걸쳐 진행되는데, 한 번은 많은 열매가 맺히는 주 수확기고 한 번은 적게 열리는 부 수확기가 있다. 대부분이 1년에 2회 꽃을 피우고 열매를 맺지만 고지대에서 적은 일조량과 서늘한 밤 기온에서 자란 커피는 길게는 개화에서 열매가 충분히 익어가기까지 11개월이 걸리는 커피도 있다.

커피의 수확

커피 열매가 익으면 수확을 한다. 사람이 직접 할 경우 손이 매우 많이 가는 노동 집약적인 일이 되지만 잘 익은 열매를 선별해 수확할 수 있다. 반면에 경작지가 평지이고 대규모로 경작되는 브라질 농장 같은 경우 기계로 커피나무를 흔들어 열매를 떨어뜨리거나 커다란 빗 모양의 도구로 훑어서 열매를 떨어뜨린 뒤 빨아들이는 방법으로 수확한다. 기계로 수확하는 후자의 방식은 덜 익거나 수확기를 놓친 열매를 같이 수확하므로 잘 익은 커피만을 고르는 선별 과정을 따로 거쳐야 한다.

과육을 제거하면 익은 열매인지 덜 익은 열매인지 구분이 쉽지 않다. 따라서 자연 건조방식으로 가공하는 농장에서는 과육을 제거하기 전에 색이 붉지 않은 것은 골라낸다. 또 습식 가공의 경우 과육을 제거하고 물탱크에 넣었을 때 뜨는 커피는 덜 익은 커피이므로 걸어내고 가라앉는 커피만 사용한다.

커피의 가공

수확이 끝난 커피 열매는 커피콩만을 골라내기 위해 가공의 과정을 거친다. 물을 사용하느냐의 여부에 따라 습식washed 또는 wet process과 건식dry process 또는 natural dried으로 분류하는데, 물을 얼마나 사용하느냐에 따라 완전 습식, 반 습식, 반 건조식, 완전 건조식으로 나뉜다. 또 최근에는 펙틴층을 얼마나 남기고 건조하느냐에 따라 건조 기간을 조절하는 반건조 방식의 일종인 허니 프로세스honey process도 등장했다.

가공 방식의 선택은 생산자가 마음대로 정하는 것이 아니라, 경작지가 위치한 곳의 기후와 수량에 따라 결정되는 경우가 대부분이다. 습식은 물이 풍부한 지역에서나 가능하다. 이런 곳은 열매를 가공한 뒤 건조해야 할 시기에도 비가 내리는 일이 흔한 곳으로, 일조량이 부족해 커피를 말리는 시간을 줄여야 한다. 습한 날씨에 커피를 놔두면 곰팡이가 피어 품질을 떨어뜨리고 곰팡이 독의 일종인

오크라톡신ochratoxin A가 만들어지기 때문이다. 이런 곳은 자연 건조를 하고 싶어도 일조량이 모자라고 비가 올 때는 파티오patio: 커피를 건조하는 넓고 평평한 바닥 주로 시멘트 마감을 한 바닥에 널어놓은 커피를 모두 걷거나 지붕을 덮어줘야 하는 등 번거롭다. 따라서 습식 공법을 취하는 곳에서는 흐리거나 비가 올 때도 건조가 가능한 열풍 건조실을 갖추고 있는 경우가 많다.

반면에 건식 공법을 사용하는 지역은 커피를 수확해서 가공하는 시기에 건조한 기후를 가졌다. 3주 이상 비가 오지 않아 수분을 많이 포함한 과육을 제거하지 않은 채로 커피를 말려도 곰팡이가 피는 일이 없다. 이런 곳은 강우량이 적어 습식 공정으로 커피를 가공하고 싶어도 못하는 경우가 대부분이다.

1. 완전 습식 공정

커피 열매는 수확한 지 24시간 이내에 껍질을 포함한 과육을 제거한다. 모터에 의해 회전하는 두 개의 원통 사이로 커피 열매가 들어가며 과육이 으깨져서 제거되는 펄프 제거기를 사용한다. 파치먼트로 둘러싸인 채로 커피가 분리되면 파치먼트 표면에 단단히 붙어 있는 점액질 제거를 위해 발효 탱크로 옮긴다.

점액이 더 이상 끈적이지 않을 때까지 발효 탱크에 둔다. 점액질은 대부분 점성이 강한 다당질이며 이 가운데 설탕과 같은 이당류는 발효 과정에서 분해되고 다당질의 단단한 결합도 효소에 의해 끊어져 분리되기 쉬운 상태가 된다.

이 과정은 발효 방법에 따라 12시간에서 6일까지도 소요되는데, 발효를 끝내는 시기를 결정하는 것은 매우 중요하다. 발효 과정에서 산도acidity를 갖게 되며, 발효가 지나치면 좋지 않은 발효취fermented smell를 내기 때문이다. 이 과정은 최근까지도 연구가 지속적으로 이루어지고 있다. 발효를 끝내기 가장 좋은 타이밍은 산도는 pH 4.5다. 일부 농장에서는 며칠에 걸쳐 새로운 물로 여러 번 커피를 헹구는 과정을 반복하며 발효시키는데, 이 방법을 '케냐 방법'이라고 해서 산도가 높아진다.

끈적임이 사라지면 분해된 점액질 잔여물은 물로 씻어내 제거한다. 이때 엄청난 양의 물을 사용하면서 환경오염 문제가 제기되었는데, 최근에는 사용한 물을 필터링해 재사용하는 방법 등으로 물의 사용량을 줄이고 있다. 이러한 처리 방식은 19세기에 개발된 정통 습식 공법이다.

펙틴층을 제거한 커피는 수분 함량이 11% 정도가 될 때까지 햇볕이나 온풍으로 건조한다. 자체 수분이 12%를 넘을 경우 커피콩에 곰팡이가 피는 위험이 있다. 규모가 큰 농장에서는 시멘트로 마감된 넓은 운동장 같은 곳에서, 소규모 농장은 주로 지붕이나 마당에 방수포를 깔고 말린다.

이 방식은 물을 많이 필요로 하고 복잡한 과정을 거치지만 품질이 높은 생두를 얻을 수 있다. 특히 커피콩의 외관으로만 본다면 아주 깨끗하고 균일한 커피를 얻는다. 곰팡내 같은 잡내가 나지 않아 깨끗하며 무엇보다도 발효에 의한 산도가 높아 상쾌한 맛의 커피가 된다. 반면에 바디가 강한 커피를 얻기 힘들다는 단점이 있다.

건조 후에는 파치먼트 부분을 제거하는 탈곡 과정을 거쳐 결점두나 불량두를 선별하는 과정과 크기별로 차이를 두는 등급 부여 과정을 거쳐 커피 생산의 과정이 마무리된다.

2. 반 습식 공정

반 습식 공법은 인도네시아처럼 습도가 높고 강우량이 풍부한 곳에서 사용되는 방법으로, 인도네시아어로 길링 바사giling basah 라고 부른다. 수확한 뒤 껍질과 과육을 제거하는 방법은 습식 공법과 같다. 다만 점액질로 덮인 커피콩을 발효할 때 콘크리트 탱크나 플라스틱 백에 넣는 점이 다르다. 발효는 펙틴층을 쉽게 제거하기 위한 과정으로, 완전 습식은 물로 채워진 발효 탱크에서 이루어지는데 비해 반 습식은 물 없이 점액질만 있는 상태에서 발효가 이루어진다. 발효가 끝나면 콩을 씻어 점액질을 제거한다.

수분 함량이 20~24%로 줄어들 때까지 햇볕 아래 건조시킨다. 완전 습식과 달리 건조가 끝나도 파치먼트가 여전히 축축해서 쉽게 제거되지 않는다. 이를 특별히 고안된 기계로 제거한 뒤 수분 함량이 원하는 수준으로 감소할 때까지 하루 정도 더 플라스틱 백에 보관해 발효시킨다. 이후 수분 함량이 11%에 이를 때까지 햇볕에서 다시 건조시킨다.

이렇게 처리한 커피는 매우 진한 녹색을 띤다. 수마트라의 커피가 이런 특징을 보이는데, 점액질이 파치먼트에 붙은 상태로 건조하는 과정이 바디감을 키우며, 과육이 제거된 상태로 건조해 곰팡이가 피는 것을 막을 수 있다. 이런 수마트라의 공정에 힌트를 얻어 코스타리카에서 개발된 것이 허니 프로세스다.

3. 자연 건조식 공정

자연 건조 방식은 커피를 발견한 시기부터 이어진 전통적 공정이다. 해외로 수출한다는 상업적 목적을 가지고 작물로서 재배된 최초의 커피 역시 자연 건조 커피인 예멘 커피이고 물이 부족해 건식 공정을 고수하는 에티오피아 서부 지역이 최초의 커피 재배지인 것을 보아도 커피는 건식 공정으로 생산되기 시작했음을 짐작할 수 있다. 브라질의 오래된 커피 재배지와 최근 주목받는 커피 생산지인 세라도는 건식 공정에 이상적인 환경이다.

자연 건조 방식은 건식 공정의 가장 일반적인 방법이며, 열매를 그대로 햇볕에 말린 다음 모든 외층을 제거해서 커피콩을 얻는다.

커피 열매는 과육이 남아 있는 상태로 건조를 시작해 수분 함량이 11~12% 수준이 되면 건조가 완료된다. 건조된 과육과 파치먼트는 기계로 제거된다. 잘 익은 열매에서 딱딱하게 말린 포드pod: 과육 제거 전 마른 커피콩까지 4주 이내에 커피를 건조할 수 있다면 건식 가공에 적당한 기후라고 할 수 있다. 당연한 결과로 습식 공정과 비교할 때 자연 건조 방법은 물이 귀한 곳에 더 적합하다.

이 방법은 언뜻 보기에는 일조량이 풍부한 곳에 펼쳐놓고 이슬을 피할 수 있게 밤에 커피를 잘 덮어주기만 하면 될 것처럼 보인

[그림 8] 커피 열매 그대로 햇볕에 말리는 자연 건조 공정

다. 하지만 최대 4주에 이르는 시간 동안 곰팡이가 피거나 이취off-flavor가 커피에 영향을 미치는 일이 없도록 품질을 유지하는 것은 점액질을 완전히 씻어내고 짧은 시간에 건조하는 것보다 훨씬 어렵다. 따라서 아주 건조한 날씨가 아니면 좋은 품질의 자연 건조 커피를 얻는 일은 쉽지 않다. 이것이 물만 구할 수 있다면 자연 건조 방식을 버리고 너도나도 습식을 택하는 이유다. 그렇더라도 자연 건조 커피는 특유의 진한 바디감 때문에 이를 찾는 마니아들이 존재해 지속적인 인기를 얻고 있다.

4. 반건조 공정

반건조 공정은 물을 사용하기는 하지만 앞서 설명한 습식 공정보다 사용량이 훨씬 적다.

펄프 제거 과정은 습식 공정과 유사하지만, 점액질 제거를 위한 발효 과정을 거치지 않고 압력 세척장치로 바로 제거한다. 따라서 발효를 위한 대형 탱크와 물이 필요 없다. 점액질을 제거하기 위한 기계장치만 있으면 다른 어떤 방식보다도 손이 덜 가는 방식으로, 브라질처럼 어마어마한 생산량을 가진 커피 생산국에 적절하다.

과육을 제거한 뒤에 건조 처리를 하기에 외관상 모양이 균일한 상태가 되지만 발효의 기회가 없어져 산도를 높일 기회도 사라진다. 공정을 줄이고 콩의 모양을 좋게 하기 위해 풍미를 희생시키는 것이다.

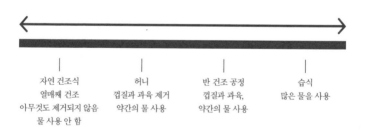

[표 1] 물 사용량에 따른 커피 후처리 방식

5. 허니 프로세스

파치먼트에 붙어 있는 점액질을 얼마나 남기고 말리느냐에 따라 커피의 풍미가 바뀐다는 믿음으로 커피 처리 방식에 차이를 두는 것이 허니 프로세스다. 건조 시간과 햇볕에 노출되는 양을 조절함으로써 커피의 풍미에 미묘한 차이를 가져온다. 커피 표면에 붙어 있는 점액질의 형태가 꿀과 같다고 해서 허니 프로세스라고 불린다. 이 방법은 코스타리카에서 유래해 최근 몇 년간 다른 나라로 점차 확산되고 있다.

과육을 제거한 뒤 자연 건조한 커피와 허니 가공된 커피의 차이점에 관해서는 아직 명확하게 정립된 것이 없다. 또 이 방식의 커피가 아직은 흔하지 않기 때문에 맛을 비교할 기회가 더 필요하다.

커피 농부들은 수확 후 커피콩에 남은 점액질의 양을 다양하게 조절해 건조 시간을 변경함으로써 최고의 풍미를 지닌 커피를 찾으려 계속해서 실험을 진행하고 있다. 그 결과를 조금 살펴보자.

- 화이트 허니−커피에서 점액질을 100% 제거한 후 햇볕에서 자연 건조한다.
- 옐로(또는 금색) 허니−약 50~75%의 점액질을 제거하고 7~10일 동안 그늘에서 건조한다.
- 레드 허니−약 25~50%의 점액질을 제거한 후 그늘에서 14~21일 동안 건조한다.
- 블랙 허니−점액질이 100% 남은 상태에서 최대 2~4주간

건조 시간을 길게 잡고 건조한다.

화이트 허니의 경우 브라질의 반 건조 방식과 공정이 같아 실제 허니 프로세스에서 생산하지 않는다. 옐로와 레드, 블랙 허니 방식의 커피는 발효가 습식 공정에 못 미치지만 점액질이 남아 있는 기간 중에 발효가 일어나기 때문에 과육 제거 후 건조한 커피 또는 자연 건조 커피에 비해서 좀 더 산미를 지닌 커피를 만들 수 있다. 허니 프로세스가 고안된 이유는 자연 건조 커피에서 과육의 수분 때문에 생기는 곰팡내와 이취의 위험 없이 자연 건조 커피의 깊고 풍부한 풍미와 단맛을 지닌 매력적인 커피를 생산하고자 하는 노력의 일환이다. 더욱 맛있는 커피를 위한 노력은 지금도 계속되고 있다.

가공 후처리

가공을 거친 커피들은 등급으로 구분하는 과정을 거쳐 크기와 밀도가 일정한 커피로 분류된다. 이는 균일한 로스팅을 가능하게 한다는 점에서 매우 중요한 과정이다. 여기에 도정과 등급별 분류 과정 중 커피에 섞여 있는 결점두를 제거하게 된다.

도정과 등급별 분류 과정을 거친 커피는 세계 각국으로 팔려 나가게 된다.

4. 커피 생두

    요리의 맛을 좌우하는 기본은 재료의 품질이다. 솜씨가 아주 뛰어난 요리사라 해도 품질이 좋지 않은 식재료로 맛있는 음식을 만드는 데는 한계가 있다. 커피도 마찬가지다. 품질이 나쁜 생두로 맛있는 커피를 만드는 것은 기술적 한계를 뛰어넘는 마술 같은 일이다. 다시 말해 가능성 없는 이야기다. 물론 아무리 좋은 생두라도 로스팅하는 사람이 잘못 볶으면 맛없는 커피가 되기도 하며, 품질이 좀 떨어지는 생두를 잘 볶으면 그나마 마실 만한 커피가 되기도 하지만, 좋은 커피를 제대로 로스팅할 때 커피는 최고의 실력을 발휘한다.

    그래서 커피 재료인 생두의 중요성에 대해서는 강조하고 또 강조해도 지나치지 않다. 이런 이유로 원두는 생산된 국가명이 표기되며, 어떤 경우에는 생산된 지방과 등급까지 표시된다. 최근에는 컵 오브 엑셀런스Cup of Excellence, COE: 각국의 커피 농장에서 출품한 우수한 커피를 5차례 이상의 엄격한 심사를 거쳐 해당국의 그 해 최고커피로 인정하는 명칭으로 1999년경 브라질에서 시작되었다.> 14장 커피의 교역과 가격 편 참고처럼 생산 농가의 이름까지 표시하는 커피가 인터넷 경매로 거래된다.

    2000년대에 들어 커피 시장은 그전과 비교해 많은 변화가 있다. 20년 전만 해도 지금의 스페셜티급미국 스페셜티커피 협회에서 만든 좋은 품질의 커피 기준으로 불릴 만한 양질의 커피 매매는 미국이나 유럽의 커피 박람회에 참가하는 커피 농장 관계자와 구매자 사이에 직접적으로 이루어졌다. 하지만 지금은 시장이 세분화되고 커피 가격대도 다양해지면서 소비자 역시 다양화되었다. 이처럼 다양한 수요는 커피 생산자로 하여금 좋은 커피, 다른 농장과 차별화된 커피를 만들고자 하는 노력으로 이어지고 있다. 우리는 여기서 커피의 맛을 좌우하는 성분들을 알아보고자 한다.

아라비카와 로부스타

먼저 커피 품종을 양분하는 아라비카와 로부스타의 특징과 차이점에 대해 알아보자. 아라비카와 로부스타의 생육 환경에 관해서는 앞서 알아보았으니, 여기서는 주로 맛으로 비교해볼 예정이다.

로부스타의 가장 큰 특징은 특유의 '고무 탄 내'로 불리는 화학약품 냄새다. 이 냄새는 주로 과이어콜guaiacol의 특징으로 목초액나무로 숯을 만드는 과정에서 나오는 연기를 액화해 채취한 액체의 주성분이다.[2] 로부스타 커피의 맛을 아라비카 커피와 구별한다면 좋은 커피 맛을 구별하는 능력의 절반은 얻었다고 볼 수 있다.

2) 로부스타의 특유의 고무 탄 내는 아라비카 커피에 비해 월등히 높은 휘발성 성분들인 2, 3-diethyl-5-methylpyrazine치즈의 고린내, 4-ethylguaiacol연기 냄새과 3-methyl-2-buten-l-thiol썩은 맥주 냄새의 성분들이 복합되어 나타나는 것으로 여겨진다.

[그림 9] 아라비카 빈(왼쪽)과 로부스타 빈(오른쪽)

로부스타의 맛이 떨어지는 이유는 카페인 때문으로 알려져 있다. 로부스타의 카페인 함량은 2.7%로 1.5%의 아라비카에 비해 높으며 클로로겐산chlorogenic acid의 함량 역시 높다. 카페인은 쓴맛이 있다고 여겨져 왔지만, 최근 카페인 자체는 쓴맛이 없지만 쓴맛을 높이는 역할을 한다고 새롭게 알려졌다.

아라비카종이 병충해와 곰팡이가 적은 고지대의 나무 그늘에서 자라는 반면 로부스타종은 해발 800m 아래에서 자라 병충해와 곰팡이의 습격에 노출되어 있으며, 이를 방어하기 위해 일종의 천연 살충제인 카페인을 생성한다는 사실은 앞서 이야기했다.

지방질과 당분의 함량은 아라비카종이 로부스타종에 비해 60% 이상 월등히 많다. 지방질은 향을 가두어두는 역할을 하며 당분은 열분해되어 커피 향을 만드는 전구체성분이 외부조건에 의해 변하기 전 단계 물질다. 이 두 물질이 많다는 것은 향이 더 풍부하며, 이 향이 날아가지 못하도록 가두는 성분이 더 많다는 뜻이다.

하지만 로부스타 중에도 특등급은 등급이 낮은 아라비카에 비해 우수한 맛을 내는 경우도 있기 때문에 아라비카 커피가 로부스타에 비해 무조건 좋다고 할 수는 없다. 다만 이를 주장하는 사람들도 이런 특별한 로부스타를 만날 기회가 얼마나 드문지 알 것이다. 특별한 로부스타는 아라비카 커피나무의 생육 조건과 같은 고지대에서 그늘을 만들어주는 나무 밑에서 자라며, 열매를 손으로 일일이 따고 제대로 된 세척과 건조 과정을 거친 뒤 결점두를 골라내는 과정을 거쳐 탄생하기 때문이다. 같은 면적에 아라비카 커피나무를 심어 똑같은 노력을 기울이면 더 높은 가격을 받고 커피를 팔 수 있는데 이런 노력을 로부스타에 쏟을 농가는 많지 않다.

커피의 성분: 생두

생두의 성분은 화학자들에 의해 오래전부터 연구되어 왔다. 이들 성분이 열에 의해 분해되는 로스팅 과정을 거치면서 우리가 커피 맛으로 인식하는 수용성 고형분과 향기 성분으로 변한다. 따라서 커피의 맛을 제대로 알고 이해하기 위해서는 생두의 성분을 알아볼 필요가 있다.

생두 성분은 고성능 액상 크로마토그래피high performance liquid chromatography, HPLC와 질량 분석기mass spectrometry, MS로 이루어진다.

이 두 기기의 결합으로 분석기술은 비약적인 발전을 이루어냈으며, 이로써 밝혀진 생두의 성분은 당질(58%), 목질(2%), 지질(13%), 단백질(13%), 회분(4%). 비휘발성 산(8%), 트리고넬린trigonelline(1%), 카페인(1%)이다. 생두 안에 들어 있는 단백질, 클로로겐산, 자당sucrose 등의 비휘발성 성분은 열분해되어 향기 성분에 중요한 역할을 한다는 사실도 알아냈다. 또 향미 전구체의 분리와 분석을 통해 탄수화물, 단백질, 펩타이드peptide, 유리아미노산free amino acid, 폴리아민polyamine, 트립타민tryptamine, 지질, 페놀산phenolic acid, 트리고넬린, 기타 다양한 비휘발성 산들이 향기를 형성하는 데 관여한다는 사실도 밝혀졌다.

1. 알칼로이드

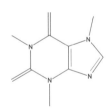

알칼로이드는 자연적으로 존재하면서 대개 염기로 질소 원자를 가지는 화합물들을 의미하며 코카인cocaine, 카페인, 니코틴nicotine, 모르핀morphine, 말라리아약으로 쓰는 퀴닌quinine 등이 대표적인 알칼로이드다. 커피 속에는 퓨린계 알칼로이드 물질인 카페인과 피리딘pyridine계 알칼로이드인 트리고넬린이 있다.

방향족성 유기 화합물인 퓨린 링 구조 육각형 고리 모양를 가진 퓨린계 알칼로이드 성분 중 퓨린의 고리를 구성하는 원자와 결합한 수소 원자가 다른 원자로 치환되면 다양한 유도체가 만들어진다. 여기에는 핵산의 염기인 아데닌adenine과 구아닌guanine의 분해 과정에서 생성되는 하이포크산틴hypoxanthine과 크산틴xanthine, 카카오를 비롯한 많은 식물에 포함되어 있다. 또 생물체의 대사 속도를 증가시켜 각성 작용을 하는 테오브로민 및 카페인, 체내에서 단백질의 최종 대사물인 요산 등이 포함된다. 여기서 카페인이 우리가 가장 자주 접하게 되는 물질이다. 커피 안의 카페인은 1820년 프리드리히 페르디난트 룽게Friedlieb Ferdinand Runge에 의해 처음 발견되었다.

실험에 쓰인 아라비카 커피와 로부스타 커피의 카페인 함량을 보면 각각 1.32와 2.18~2.61%로 아라비카 커피의 함량이 적다. 카페인은 로스팅에 의해 함량이 거의 감소하지 않는 물질 중 하나로, 로스팅에 의해 커피 자체의 중량이 감소하므로 카페인 함량은 상대적으로 10% 정도 증가한다. 카페인의 중량이 감소하는 경우는 로스팅 시 야기되는 카페인 승화昇華점의 상승에 의한 감소와 표면을 통해 발산되는 감소 등 극히 적은 양에 국한된다. 카페인의 함량이 이처럼 거의 감소하지 않고 상대적으로 증가하는 이유는 열에 강한 퓨린 링 구조에 그 원인이 있다.

인스턴트커피의 카페인양은 생두에 비해 중량 기준으로 2배 가까이 농축된다. 이는 인스턴트커피 제조 시 일반 가정에서 추출할 때보다 훨씬 더 높은 온도의 물과 높은 압력으로 추출하며, 수차례에 걸쳐 추출을 반복한 결과다. 80℃의 물로 추출할 경우 상온에서 추출하는 것보다 약 10배가량 추출률이 높아지기 때문이다. 이렇게 얻은 수용액을 고형화하는 방법에 따라 분무 건조 커피spray dried coffee, 동결 건조freeze dried 커피 등으로 나뉜다.

카페인은 향이 없으며 앞서 설명한 것처럼 쓴맛을 높여주는 물질이다. 또 떫은맛에도 관여하지만 밤 속껍질의 떫은맛을 내는 수용성 타닌(폴리페놀polyphenol의 다중체)계 물질에 의한 떫은맛과의 구분이 어렵다. 카페인의 생리적 영향인 각성 효과는 체내에 신속하게 흡수되어 대사되는 메틸크산틴methylxanthines의 영향이다. 각성 효과는 개인적인 편차가 매우 심해 커피를 마셔도 효과를 보지 못하는 사람이 있는 반면, 심장이 두근거려 커피를 마시지 못하는 사람도 있다. 카페인의 다른 독성 효과는 종종 논의되었지만 판명된 것은 없다.

2. 트리고넬린

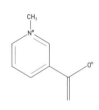

피리딘계 물질 중 대표적인 트리고넬린은 화학식 $C_7H_7NO_2$를 가진 알칼로이드다. 완두콩, 대마 씨, 귀리, 감자, 달리아 등 다수의 식물에 존재하며, 아라비카 커피에 높은 수준으로 존재한다.

트리고넬린은 빠르게 분해되는 특성으로 인해 생두에서는 0.6~1%의 함량을 보이지만, 중간 단계로 로스팅하면 0.25~0.63%로 감소한다. 230℃에서 15분간 로스팅한 결과 함량은 로스팅 전의 15%만이 남았다.

트리고넬린의 열분해에 관한 연구에서는 중요한 향기 성분인 피리딘, 피롤pyrroles, 메틸 니코티네이트methyl nicotinate의 생성이 확인되었다. 트리고넬린 역시 쓴맛을 내는 데 역할을 하며, 카페인으로 인한 쓴맛의 4분의 1 수준이다. 커피 추출액의 품질에 직접적으로 기여하는 부분은 적지만 열분해되면서 생성되는 성분이 향기에 기여하기 때문에 커피 품질에 매우 중요한 역할을 한다.

3. 단백질과 유리아미노산

커피에 단백질은 아라비카와 로부스타에서 각각 10%가량 존재한다. 단백질의 주 구성물은 글루탐산glutamic acids(총 단백질량의 19%), 아스파르트산aspartic acids(10%), 류신leucine(9%) 등이다.

유리아미노산들은 생두 함량의 대략 1%로 비중이 작지만 로스팅 후 커피의 향기 생성과 관련 있는 성분 중 가장 중요하다. 펩타이드와 단백질 또한 향의 중요한 전구체들이다.

4. 탄수화물

향기 성분의 주요 생성 과정으로 아미노산과의 마이야르반응아미노기를 갖는 화합물 사이에서 일어나는 식품의 대표적인 성분 간 반응으로, 가열처리, 조리 또는 저장 중 일어나는 갈변이나 향기의 형성에 관여한다과 캐러멜화반응 당류가 일으키는 산화 반응 등에 의해 생기는 현상으로, 요리에 고소함과 진한 색의 원인이 되는 중요한 현상이 있다. 건조과정을 거친 원두의 탄수화물 중량은 50%에 달한다. 탄수화물은 다당류, 올리고당류, 단당류로 구성되어 있으며 환원당과 비환원당으로 다시 나뉜다.

원두에서 가수분해무기염류가 물과 반응해 다른 이온이나 분자로 변하는 일, 에스테르의 비누화, 녹말의 당화 등이 있다로 얻는 단당류는 마노스mannose(22.4% 이하 건조 함량), 갈락토오스(12.4%), 글루코스glucose(8.7%), 아라비노스arabinose(4.0%) 등이며 그 밖에 람노스rhamnose(0.3%)와 자일로스xylose(0.2%)다. 셀룰로오스, 펙틴, 전분 등의 다당류는 로스팅에 의한 향기 생성 과정에서 특별히 하는 역할이 없지만, 음료에 향을 붙잡아두는 매우 중요한 역할을 한다. 다당류는 로스팅 과정에서 탈수 과정, 축합 과정 등 아직 명확히 밝혀지지 않은 경로로 약 30%가 소실된다.

5. 지방질

생두의 지방질은 배젖 씨앗 속에 있어서 발아하기 위한 양분을 저장하고 있는 조직에 대부분 존재하며, 커피 왁스라고 불리는 커피콩 표면의 얇은 막에 조금 있는 커피 오일로 구성되어 있다. 커피 오일은 전형적인 씨 기름성분인 트리글리세라이드triglycerides 외에 커피 오일의 특성을 나타내며 중요한 역할을 하는 다양한 지방질 성분을 포함한다.[3]

아라비카 커피의 지방질 함량(13.5~17.4%)이 로부스타 커피의 함량(9.8~10.7%)보다 높다. 지방질은 열에 의한 산화 분해 작용을 거치며, 헤테로 고리heterocyclic 구조를 가진 휘발성 성분의 형성에 역할을 하는 알데히드aldehyde처럼 분자량이 적은 성분으로 된다.

3) Flament, 2002

디테르펜diterpene의 양은 지방질 중 20%를 차지하며, 디테르펜 유도체인 카페스톨cafestol은 커피 오일 중 비누화할 수 없는 주요 성분의 하나다.

6. 클로로겐산

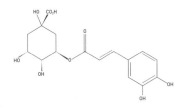

영국 서리대학교 생화학과의 M. N. 클리포드M. N. Clifford(1985년) 교수는 클로로겐산이 퀸산quinic acid에 에스테르 결합되어 있는 페놀산들의 그룹이라고 했다. 이 종류의 산 성분들은 총 생두 무게의 10%를 차지하고 있지만 로스팅을 거치면 4.3%로 그 함량이 줄어든다. 로스팅 과정 중에 생기는 클로로겐산의 함량 변화는 커피 향기에 중요한 영향을 미치는 비휘발성 성분에 관한 전반적 연구 과정 중에 이루어졌다. 클로로겐산은 식물계 어디에나 있는 물질이며 여러 가지 히드록시신남산hydroxycinnamic acid, 특히 카페산caffeic acid, 페룰산ferulic acid, 파라쿠마르산p-coumaric acid들과의 결합으로 이루어져 있다. 로부스타 커피에서 그 함량(9%)이 아라비카 커피(6.5%)보다 높아 로부스타의 바람직하지 못한 향의 원인으로 보고 있다.

5. 국가별 생두의 특징

　　국가별 커피 맛이 다른 이유는 토양의 화학적 성분, 일조량, 산지의 고도, 강수량, 전반적 기후 조건 등이 다르기 때문이라고 판단된다. 이 밖에도 커피의 후처리 과정이 최근 커피 맛에 변화를 주는 주요 변수로 주목받고 있다.

　　국가별 커피의 특징을 단정하듯 이야기하는 것은 대단히 조심스러운 일이다. 선입견을 줄 수 있기 때문이다. 이런저런 소문이 들려오는 사람도 막상 만나보면 선입견과 전혀 다른 사람이라는 사실을 깨달을 때가 있는 것처럼, 국가별 커피도 막상 마셔보면 글로 서술한 특징과는 전혀 다른 맛이 나는 경우가 많다. 같은 국가에서도 지역에 따라 커피 맛이 다를 수 있으며, 커피나무를 헌신적으로 관리한 농장과 게을리 관리한 농장의 커피가 큰 차이를 보일 수 있다. 이 책에서는 최근 세계시장에 뛰어든 동남아시아 커피 몇 종을 제외한 모든 커피가 국가별로 차별화된 맛과 향의 특징을 지녔다는 것을 전제로 커피의 맛을 묘사해보도록 하겠다.

　　여기서 언급되는 커피 중 실제 시중에서 본 적이 없는 커피가 있다면, 이는 다음과 같은 이유 때문이다.

　　● 블렌드 커피의 원료에 포함되기는 하지만 단일 품목single

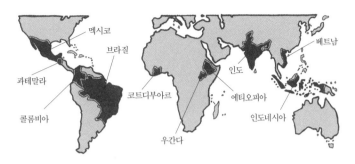

[그림 10] 커피를 생산하는 주요 국가들

origin coffee으로 시중에 나오는 경우가 없다.

● 품질이 낮아 인스턴트커피의 원료로 사용되기는 하지만 국내 커피 시장에 원두로 판매되지는 않는다. 거의 모든 로부스타가 여기에 속한다.

● 가격 대비 품질에서 경쟁력이 낮아 수입되지 않는다. 중남미와 카리브해의 질 낮은 커피를 물류비 부담을 안고 국내 들여오는 경우는 없다.

● 국내 소비자에게 생소해 수요가 없는 커피다. 커피는 생두라 할지라도 시간이 흐르면서 수분이 증발하며 산도 역시 낮아진다. 수분이 일정량 이하로 하락하면 로스팅해도 맛과 향이 제대로 형성되지 않는다. 이처럼 유통기한이 있는 커피를 수요 없이 수입할 업자는 없다.

● 수출국이 내전이나 지진 등의 자연재해로 인해 수급이 원

활하지 않다. 아무리 좋은 커피라도 지속적인 공급이 보장되지 않으면 수입하는 의미가 없다.

● 생산량 대비 수요가 많아 희소성이 높아지면서 가격이 치솟는다.

이 밖에 개인이 직접 수입하거나 소량으로 수입되는 COE 커피들은 여기서 다루지 않는다.

남아메리카

1. 브라질

2014년 한 해에만 브라질은 259만 4,100톤의 커피콩을 생산해 2위인 베트남을 압도했다. 브라질은 150년 넘도록 세계에서 가장 많은 커피를 생산하는 국가로, 이것이 새로운 기록은 아니다.

커피 재배지는 약 2만 7,000km²를 차지하며 대다수는 기후와 온도가 커피 생산에 이상적인 미나스제라이스, 상파울루, 파라나의 남동부 3개 주에 위치한다. 브라질 커피는 물로 씻는 과정을 거치지 않는 자연 건조 방식으로 커피를 가공한다.

가장 많은 커피를 생산하는 나라답게 기계화된 재배와 경작을 통해 대량생산을 하므로 낮은 가격에 합당한 품질의 커피가 나온다. 최근에는 손이 많이 가지만 품질이 높은 커피를 경작하는 고지대 재배지가 늘어나고 있다.

브라질 커피는 중간 로스팅 단계에서도 약간의 쓴맛을 내는 중성적인 맛이 특징이다. 커피의 양을 늘린다는 의미에서 사용되는 '필러 커피filler coffee'라는 용어가 브라질 커피에도 적용되는 만큼 블렌드 커피에서 브라질 커피를 사용하느냐 그보다 더 비싼 커피를 사용하느냐에 따라 커피 가격이 바뀐다.

또한 약하게 볶으면 쓴맛이나 진한 맛이 나지 않는 블렌드 커피의 경우 로스팅을 약하게 해도 쓴맛이 나는 브라질 생두를 섞는 경우가 많다. 그 결과 브라질 원두가 들어간 커피에 입맛이 길들여져 있다면 브라질 원두가 섞이지 않고 그 이상의 품질로만 블렌드된 커피를 맛보는 것도 좋겠다.

2. 콜롬비아

콜롬비아 커피는 브라질에 이어 세계 생산량 2위를 차지해왔지만, 최근 생산량이 급속히 증가하는 베트남 커피로 인해 한 계단 내려앉았다. 더구나 1980년에서 2010년 사이 강수량과 기온이 상승하고 있어 커피 생산에 악영향을 미치고 있다. 그럼에도 2015년 81만 톤의 커피를 생산한 커피산업의 핵심 주자다.

콜롬비아 커피는 한마디로 밥 같은 커피다. 균형도 잘 잡히고 맛이 진하며, 향과 새콤한 맛도 어느 정도 있는 가격 대비 품질이 충실하다. 다만 밥이 주는 이미지와 같이 콜롬비아 한 가지만 마시면 이도 저도 아닌 밍밍한 커피가 된다. 하지만 콜롬비아가 다른 커피를 만나면 이야기가 달라진다. 다른 커피가 가진 좋은 맛을 살려주고 약점은 보완해주는 베이스 커피 역할을 톡톡히 해낸다. 진한 맛이 부족한 모카커피에는 진한 맛을, 케냐처럼 강한 신맛은 부드럽게 만들어주며, 수마트라의 부족한 향을 보완해주는 등 파트너만 잘 만나면 진가를 발휘하는 훌륭한 커피다. 저렴한 가격을 무기로 블렌드 커피에 가장 폭넓게 사용되는 브라질 커피 대신 콜롬비아 커피를 블렌딩의 베이스로 쓰면 가격은 오르겠지만 더 맛있는 커피를 만들 수 있다.

3. 페루

페루의 커피는 콜롬비아 엑셀소 <small>최고급 수프레모보다 한 등급 낮은 콜롬비아 커피</small>와 맛과 향이 매우 비슷한데 신맛도 나고 바디도 훌륭한 균형 잡힌 커피다. (콜롬비아 엑셀소는 브라질 커피보다 품질이 나으며 고급 커피로 가는 경계에 있는 커피다.) 페루 커피의 가격은 콜롬비아나 과테말라에 비해 저렴하니 품질에 좀 더 신경 써서 결점두가 적은 커피를 세계 시장에 내놓는다면 빠른 시일 안에 가격 대비 충분히 경쟁력 있는 커피가 될 것이다.

중앙아메리카

1. 코스타리카

1792년 쿠바로부터 커피나무를 이식한 코스타리카 커피는 중앙아메리카에서는 커피 재배의 역사가 가장 오래되었다. 비옥하고 배수가 잘되는 화산 토양의 특징으로 인해 코스타리카에서는 커피와 바나나가 상업적 목적으로 재배되기 시작했으며 현재도 주요 수출품으로 자리 잡고 있다. 커피 재배 및 품질 개량에 많은 노력을 기울여 세계에서 관리가 가장 잘되는 국가로 에이커약 4,000m²당 688kg에 달해 단위면적당 커피 수확량이 가장 많은 국가다. 아라비카 커피만 재배되며 보통 1,200m 이상의 고지대에서 재배되는 여물고 단단한 커피콩은 SHBstrictly hard bean 등급을 부여받는다. 고지대는 낮과 밤의 기온 차로 인해 커피 열매가 천천히 익어가는데 이것이 커피가 더 단단하게 여물도록 만든다. 코스타리카 커피는 이런 이유로 산미가 매우 강한 커피를 생산한다. 거기에 부드럽고 바디감 또한 강하다.

코스타리카 하면 타라주Tarazzu 커피가 유명하다. 많은 이들이 바디감은 약한 데 비해 매우 깨끗해 잡내가 없고, 무엇보다 향이 우수한 이 커피를 세계 최고 중 하나의 반열에 올린다. 지역 이름이 붙은 커피는 각 국가별 커피협회의 품질 기준을 통과한 커피다.

2. 자메이카

자메이카 블루마운틴 커피는 세계 최고의 자리를 오랫동안 지키고 있다. 경매로 판매되는 소량의 파나마 게이샤 커피 등이 최고가를 갱신하고는 있지만, 유행처럼 번지는 이들 경매 커피의 인기가 계속될지는 불투명하다. 따라서 자메이카 블루마운틴 커피는 '꼭 마셔 보고 싶은 커피' 자리를 계속 유지할 것이다.

자메이카 블루마운틴 커피의 생산량은 명성을 좇아 한번 마셔보려는 수요에 비해 아주 적다. 연간 생산량이 고작 1,800~2,250 톤으로, 약 259만 톤에 달하는 브라질 커피 생산량과 비교하면 1,400분의 1에 불과하다.

더군다나 자메이카에서 나오는 커피라고 해서 모두 블루마운틴은 아니다. 수도 킹스턴의 북쪽에 위치한 산(블루마운틴)의 해발 910m 이상에 위치한 농장에서 나오는 커피만을 의미한다. 또 이렇게 생산된 블루마운틴의 80%가량이 일본으로 수출된다. 그렇기 때문에 진짜 100% 블루마운틴 커피를 우리나라에서 찾는 것은 상당히 어려운 일이다.

블루마운틴의 경작지는 아주 독특한 지형과 기후에 자리 잡고 있다. 킹스턴 북쪽의 산을 향해 도로를 가다 보면 공기가 시원해지며 안개 속을 지나게 된다. 또 구름이 계곡으로 흐르고 있는 것을 볼 수 있다. 이 구름에 의해 그늘이 지는 재배 환경은 햇볕을 차단해 커피콩이 천천히 익어가게 만든다. 꽃이 피고 수확까지 약 열 달이 걸리는데, 다른 나라에서 생육되는 커피의 2배에 달하는 긴 시간이다.

토양 역시 커피에 가장 이상적이라는 화산 토양으로 완벽한 커피 재배 환경이다. 다만 아쉽게도 커피를 재배할 경작지는 넓게 펼쳐진 땅이 없어, 가파른 언덕에 위치해 평지가 조금이라도 있는 곳은 모두 커피나무가 심어져 있다. 절벽에 가까운 경사 70도의 좁은 땅에 심어진 나무도 있다. 커피 노동자들은 위험을 감수하며 커피나무를 관리하고 열매를 일일이 손으로 따야 한다. 그러다 보니 다른 커피 재배지에 비해서 인건비가 많이 들어 높은 가격 형성에 한몫하고 있다.

등급 판정을 위한 커피 선별 역시 기계가 아닌 수작업이다. 그 때문인지 자메이카 블루마운틴은 조금이라도 부서지거나 벌레 먹은 콩, 변색된 콩을 발견하는 것은 불가능에 가까울 만큼 완벽하다.

다만 최근 영국 여왕이 마시는 커피로 유명세를 더하는 바람에 생산량에 비해 턱없이 많은 수요로 인해 가격이 폭등해 품질에 비해 가격이 너무 높은 것으로 보인다.

자메이카 블루마운틴은 커피가 가진 좋은 점, 즉 향기, 은은한 산미, 부드러운 쓴맛, 단맛 등이 매우 풍부하고, 균형에서 단연 최고다. 여기에 커피에 섞여 나오는 고무 탄 내 등의 이취가 다른 커피에 비해 현저히 적다. 이런 점에서 자메이카 블루마운틴은 최고의 커피라 불릴 만한 값어치가 있다.

3. 과테말라

과테말라는 2015년에 20만 4,000톤의 커피 원두를 생산했으며, 생산 수량이 지난 몇 년 동안 상당히 일정하게 유지되었다. 과테말라에서 커피 농사는 기온 16~32℃, 해발고도 500~5,000m에서 이루어진다. 과테말라 정부는 무역 및 세제 혜택 등을 커피산업에 제공하는 등 적극적 지원을 하고 있으며, 1960년대에 커피조합인 아나카페Anacafe, Asociacion Nacional del Cafe를 설립해 자국 커피를 전 세계에 홍보하고 있다.

지역별 소규모 농장들의 모임인 협동조합(안티과, 코반, 아티틀란 등)의 관리하에 있는 커피의 품질이 특히 우수하다. 보통 과테말라 커피의 특징을 꼽을 때 연기 냄새가 난다고 하는 경우가 많다. 연하게(하이 로스트 이하) 볶은 과테말라 커피에서는 연기 냄새는 물론 초콜릿 맛도 나지 않는다. 하지만 풀시티 정도의 강한 로스팅이라면 연기 냄새, 초콜릿 맛 등은 비단 과테말라 커피만이 아닌 어떤 아라비카 커피에도 난다 따라서 과테말라 커피는 연기 냄새에 연연하지 말고 값에 비해 높은 품질, 균형 잡힌 커피 맛에 중점을 두어야 한다..

4. 파나마

국토 면적이 작은 파나마는 부르봉Bourbon 티피카Typica, 카투라Caturra, 카타위Cataui, 파세Pache 최근 발견된 게이샤Geisha까지, 커피 재배 면적에 비해 매우 다양한 커피 종이 재배된다. 이는 국지 기후 변화의 결과로, 이처럼 다양한 커피를 생산하기 때문에 파나마 커피의 맛과 향을 한마디로 정의하기는 불가능하다. 그 중에서도 주목할 만한 것은 단기간에 스타덤에 오르며 전통 강자인 블루마운틴의 명성마저 위협하는 파나마 게이샤다. 이 커피는 에티오피아의 지역 품종 이름인 게샤Gesha에 모음(i)을 하나 추가해 일본의 기생을 의미하는 게이샤로 브랜딩한 덕분에 더욱 인기를 얻었다.

5. 멕시코

2015년 멕시코는 23만 4,000톤 이상의 커피를 생산했다. 주로 과테말라 국경 근처의 해안 지역에서 고품질의 아라비카 커피를 생산하며, 대부분 미국으로 수출한다.

멕시코에서 커피는 1700년대 후반부터 경작되기 시작했으며, 대부분의 커피는 남부 지방에서 생산된다. 국제 커피 협약이 해체되고 전 세계 커피 가격과 수출 쿼터가 엄격하게 통제되지 않던 1990년대에 멕시코는 세계 시장에서 경쟁력을 잃으며 위기를 겪었다. 커피 가격과 생산량의 하락은 멕시코 전역에서 사회 문제가 되었다. 다행히도 최근 해발 700m 이하 커피 경작을 금하는 등 품질을 관리하면서 미국으로의 수출이 다시 증가해 생산량이 회복되었다.

멕시코 커피는 습식으로 가공되는 대표적 커피이며, 오악사카Oaxaca, 코아펙Coatepec, 치아파스Chiapas 지역의 소규모 농장에서 유기농으로 경작하는 커피가 유명하다. 이들 커피는 가벼운 바디와 산미를 지닌 것으로 알려져 있으며 초콜릿 맛을 낸다. 특히 질 좋은 치아파스 커피는 과테말라 커피의 복합적인 맛과 향complexity: 한 가지 커피가 여러 가지 다양한 맛과 향을 지닌 것을 뜻한다에 필적한다. 해발 1,700m 이상에서 재배된 품질 좋은 커피에 '알투라Altura'라는 명칭을 붙인다.

6. 온두라스

온두라스는 2011년 35만 4,180톤의 커피를 생산하며 자국 최고의 커피 생산 기록을 세웠다. 이후 생산량을 유지하며 중앙아메리카 최대의 커피 생산국이 되었다. 그럼에도 불구하고 커피 생산국가로서 온두라스의 브랜드 이미지는 여전히 낮다. 대부분의 커피가 블렌드에 사용되기 때문이다. 하지만 최근 고품질의 커피를 생산해 좋은 가격을 받으려고 노력하고 있다. 전반적인 품질은 다른 중남미 커피들보다 산미가 덜하며 독특한 캐러멜 맛이 있다.

온두라스 커피는 선명한 산미부터 과일 향이 가볍게 나는 커피와 단맛을 비롯해 캐러멜 맛과 낮은 산도를 지녀 에스프레소에 적당한 커피까지 다양하다. 그중에서 특히 마르칼라Marcala, 코판Copan 산타바르바라Santa Barbara, 오코토페케Ocotopeque 및 기타 지역의 커피가 유명하다. 고품질의 커피는 과테말라 커피에 필적할 만하다.

온두라스는 자연을 크게 해치지 않는 범위에서 커피 재배지를 넓힐 수 있는 몇 안 되는 국가 중 하나다. 코스타리카와 파나마 같은 국가에서는 다른 수요로 인한 토지 변경의 압박을 받고 있으며, 수확량이 점점 줄고 있다.

7. 푸에르토리코

19세기에 최고급 커피로 인식되어 유럽의 왕실과 바티칸, 일본의 왕실에서 소비되던 푸에르토리코 커피는 20세기 초반 설탕의 수요가 늘어나면서 많은 커피 재배지가 설탕 농장으로 바뀌어, 한때 위대했던 그 존재가 완전히 잊혔다.

21세기는 푸에르토리코 커피 부활의 시간이었다. 푸에르토리코의 알토 그란데Alto Grande는 최고급 품질을 자랑한다. 야우코 셀렉토Yauco Selecto는 남서부 산지의 900m 이상 고지에서 자라는 부르봉 품종이 아닌 푸에르토리코 전통적 품종의 나무에서 수확된다. 맛이 부드러우면서도 강력하며 향기롭고 감미로운 단맛을 지니고 있다.

8. 쿠바

미국의 경제 제재로 인해 쿠바 커피는 그동안 가장 큰 시장인 미국에 진출하지 못했지만, 2016년 커피 품목에 대한 수입 금지가 풀리며 활발한 거래가 이루어질 것으로 기대된다. 다시 말해 좋은 품질의 쿠바 커피는 앞으로 가격이 더욱 상승할 것이다. 유럽과 일본에서 쿠바의 커피는 지금과 같이 스페셜티 커피가 정식 카테고리로 자리 잡기 전부터 좋은 평가를 받아왔다. 카리브해 지역 우수한 커피들과 마찬가지로 중간 산도에 부드러운 맛과 향이 우수한 커피다. 좋은 커피가 그러하듯 균형이 잘 잡혀 있고 캐러멜 맛도 풍부해 에스프레소로도 훌륭하다.

쿠바 동부의 시에라 마에스트라Sierra Maestra가 주요 생산지로, 기후가 커피 재배에 적합하고 기름진 적갈색의 토양으로 화학비료가 필요 없다. 실제로 쿠바는 유기농 커피의 명성이 높다.

아프리카

1. 케냐

케냐 커피는 세계 최고의 커피 중 하나로 평가된다. 케냐 AA는 강한 바디감, 높은 산도에 균형도 잘 잡혀 있다. 진한 맛과 향으로 인해 커피 감정가의 커피connoisseur's cup라고도 불린다. 자신의 성격을 확실히 드러내는 커피로, 컵 테이스팅tasting으로 비교적 쉽게 구분할 수 있다. 레몬, 블랙베리, 포도의 풍미에 후추 같은 향신료에 이르기까지 다양한 맛과 향을 경험할 수 있어, 좋은 커피를 말할 때 빠지지 않는 복합성을 지녔다고 평가된다. 또 좋은 커피를 이야기할 때 산미를 빠트릴 수 없는데, 케냐 커피가 대표적인 산도 높은 커피다.

간혹 산미가 강한 커피가 좋다는 말을 잘못 이해해 연하게 로스팅해서 신맛을 강조하는 경우가 있다. 하지만 여기서 커피의 좋은 맛으로 꼽는 산미란 커피콩이 유기산organic acid을 많이 지니고 있어 이들 유기산이 로스팅 시 열분해되어 좋은 향기로 변할 잠재력을 지닌 커피라는 뜻이다.

2. 에티오피아

에티오피아는 전 세계에서 사랑받는 아라비카 커피의 고향으로, 1100년이 넘는 시간 동안 커피를 상업 재배해온 것으로 여겨진다. 에티오피아 연간 수출량의 28% 이상을 커피가 차지하고 있으며, 커피 산업에만 1,500만 명의 인구가 종사하는 것으로 추산된다. 에티오피아는 2015년에만 38만 4,000톤의 커피를 생산했다.

커피나무를 재배하기 시작한 이래 에티오피아에서는 다양한 지역 변형체가 탄생했으며 각각 독특한 이름과 맛을 지녔다. 하라 Harar, 리무Limu, 시다모Sidamo, 예가체프Yirgacheffe 등이 대표적인데, 이들은 커피를 재배하는 지역명인 동시에 에티오피아 정부가 보유하고 브랜드 권리를 보호받는 아라비카 커피의 상표이기도 하다. 와인과 과일의 향이 풍부한 에티오피아 커피는 16세기에 예멘의 모카항을 통해 유럽으로 수출되기 시작했다.

시다모, 예가체프는 부드러운 꽃 향이 나며 아이스커피로 마실 때 아주 좋다. 이들 커피 특유의 과일 향과 꽃 향은 개인적으로 에티오피아 커피가 빠진 블렌드 커피를 상상할 수 없게 만든다. 참고로 예멘의 커피가 이런 특징은 더욱 두드러지지만, 마음껏 블렌드하기에는 가격이 높다.

중간 정도(하이 로스트)의 로스팅 단계에서는 단맛과 함께 와인 향, 귤 냄새 등이 나며 쓴맛이 거의 없고 중강(풀시티) 정도의 로스팅으로 볶아야 쓴맛이 나며 더욱 커피다워진다. 로스팅이 강해지면 단맛과 꽃 향이 줄어들어 에티오피아 커피가 지닌 특징이 사라진다고 여길 수도 있겠지만, 커피는 특징을 살려가며 마시는 것이 아니라 가장 맛있게 마시는 것이 중요하기 때문에 쓴맛이 약간 나는 중강 로스팅을 권한다.

3. 탄자니아

전체적으로 케냐 커피와 비슷한 평가를 받지만 산도, 바디, 와인 향이나 과일 향 등에서 케냐보다 조금씩 부족하다. 그럼에도 다른 커피들에 비해서는 매우 훌륭한 맛과 향을 지녔다. 케냐의 커피를 중간 단계로 로스팅했을 때 산도가 너무 높고 강하다고 느끼는 사람들에게는 탄자니아가 대안이 된다.

탄자니아의 주요 커피 재배 지역은 아루샤Arusha, 메루, 모시Moshi, 올데아니Oldeani, 파레Pare, 탕가니카Tanganyika 호수와 니아사Nyassa 호수 사이의 고원뿐만 아니라 루부머Ruvuma 강이 모잠비크와 남쪽 경계의 대부분을 형성하는 탄자니아 남동부의 루부머 지역이 있다.

4. 우간다

우간다는 커피 생산국을 떠올릴 때 연상되는 국가는 아니지만, 2015년 커피 생산량이 28만 5,300톤에 이르는 중앙아프리카 최고의 커피 수출국이다. 2015년에는 멕시코를 넘어 커피 생산국 8위가 되었다. 우간다는 아라비카종뿐만 아니라 키발레Kibale 산지에 자생하는 로부스타종도 생산한다.

커피는 우간다 경제에서 중요한 위치를 차지하고 있으며 커피 산업 분야에서 많은 사람들이 일하고 있다. 커피 생산을 국가가 통제하려다 실패했으며, 1991년 민영화 이후 1989년에 비해 51배의 생산량 증가를 이루어냈다. 그러나 우간다 정부는 여전히 우간다 커피 개발 기구Uganda Coffee Development Authority를 통해 커피산업에 관여하고 있다.

아시아

1. 예멘

예멘은 지리상 중동에 속하지만 커피의 특징은 에티오피아와 묶어서 평가된다. 이것이 널리 알려진 '모카커피'다. 에티오피아와 예멘에서 생산되는 모카커피 특유의 단맛과 향은 대체할 만한 커피가 없을 만큼 특징적이다.

잘 볶은 예멘 커피는 에스프레소로 뽑을 때 커피가 추출되는 부분에 코를 대면 향수와 같은 진한 꽃냄새가 난다. 특히 예멘의 커피를 로스팅해서 마실 때의 느낌은 에티오피아 커피를 2배로 농축시켜 놓은 것처럼 단맛, 꽃 향, 쌉쌀한 초콜릿 맛이 강하게 느껴지고 허브의 느낌도 풍부하게 난다.

예멘의 커피는 고대 에티오피아 동부 지역에서 자란 커피의 조상 나무들을 제외한다면 세계에서 유일하게 야생화한 커피다. 예멘의 현지에서는 커피 품종을 수백 가지 이름으로 세분화해 부르지만, 이들은 대부분 문서화된 적이 없으며, 예멘 사람들의 풍부하고 복잡한 커피 지식은 구전되는 전통 안에서만 확인할 수 있다.

　　수도 사나Sana'a 서쪽의 해발 1,000m 이상의 고지대에서 재배되는 마타리Mattari는 예멘 커피 중 가장 유명한데 산미가 강하고 복합성을 지니는 등 전통 예멘 커피의 특징을 잘 갖추고 있다. 히라지Hirazi의 산미와 과일 향은 마타리와 거의 같지만 바디는 약간 가볍다.

　　이스마일리Ismaili라는 이름이 붙은 커피는 대체적으로 훌륭하지만 마타리보다 조금 덜 부드럽고 덜 강력하다. 사나니Sanani는 사나의 서쪽의 여러 지역에서 추출한 커피를 말하며 일반적으로 마타리, 히라지, 이스마일리로 판매되는 커피보다 균형이 좋고 산미가 적으며 복잡성을 충분히 갖추지 못했다.

Read more

모카커피 아라비아 반도의 남서쪽 끝에 있는 산에서 500년 이상 경작되어온 커피를 뜻했다. 모카는 원래 항구 이름으로, 유럽으로 수출되는 에티오피아나 예멘 커피는 모두 '알무카al-Mukhā: 모카 항을 뜻하는 아라비아어에서 온 커피'라 불렸으며 줄여서 '모카'라고 불렀다. 현대에 와서는 예멘 커피뿐만 아니라 에티오피아의 하라도 모카커피라고 부른다.

한편 초콜릿과 커피를 혼합한 음료를 '모카'라고 명명하는 경우도 있는데, 예멘 모카커피의 초콜릿 향과 같은 특징에서 유래했다. 또 이탈리아인인 비알레티Bialeetti에 의해 발명된 커피 추출 기구도 모카포트라는 이름을 쓴다.

2. 베트남

베트남 커피는 1975년 6,000톤에 불과했던 생산량이 급격히 늘어나 현재 세계 2위로 올라섰다. 인스턴트커피 원료의 주요 생산국으로, 2015년에만 165만 톤의 커피를 생산했다. 커피는 베트남 경제의 큰 부분을 차지해왔으며 주요 수출품인 쌀을 유일하게 능가하는 수출품이다.

전체 생산량의 97%가 로부스타로, 초기 품질은 인도네시아의 로부스타에 비해 특유의 옥수수차 같은 단맛과 고무 탄 내로 불리는 화학약품 냄새가 강했지만, 개량을 거듭해 최근에는 인도네시아의 로부스타 못지않게 품질 개선을 이루었다.

3. 인도네시아

인도네시아는 2015년에 약 74만 톤의 커피콩을 생산해 생산량으로 세계 4위에 오른 국가다. 기후가 아라비카에 비해 저가격인 로부스타 커피 생산에 더 적합하기 때문에 커피의 질보다는 생산량 위주의 재배를 선택했다

인도네시아 커피는 식민지 개척자들에 의해 도입되었으며, 인도네시아의 기후가 커피 재배에 적합했기 때문에 식민지 시대 이후에도 지속될 수 있었다. 커피 재배지는 현재 1만km^2에 이르는 경작지를 가지고 있으며 생산량의 90% 이상이 소규모 농장에서 나오다.

아라비카종으로는 수마트라 만델링, 술라웨시 토라자Sulawesi Toraja, 칼로시Kalosi, 자바Java 커피가 유명하다. 인도네시아의 아라비

카 커피는 기름진 토양과 기후의 영향으로 바디감이 매우 높다. 로스팅을 조금만 강하게 해도 산미를 금방 잃기 때문에 산도가 높은 커피들과 블렌딩하면 신맛을 적절하게 조절할 수 있다.

특히 자바 커피는 예멘의 모카와 혼합해 세계 최초의 블렌딩 커피로 재탄생했다. 하지만 자바 커피는 19세기 말 실론을 거쳐 들어온 커피 녹균Hemileia vastatrix에 의한 잎마름병으로 대부분 고사했다. 이후 이 병에 강한 로부스타를 심었다. 커피 블렌딩의 시초가 된 자바는 지금의 자바와는 달랐을 것이라는 게 내 생각이다. 모카와 블렌딩할 커피는 모카의 신맛을 잡아주고 모카가 갖지 못한 바디감

Read more

코피 루왁 인도네시아의 유명한 커피 중 하나인 코피 루왁kopi luwak은 그 생산 방법이 매우 독특하다. 동남아시아의 정글에 사는 사향고양이civets는 커피를 먹으면 과육은 소화시키지만, 질긴 파치먼트로 둘러싸인 씨는 소화를 시킬 수가 없다. 사향고양이는 소화액으로 일부 그 일부만 분해한 채 콩을 배설하는데 이를 모아서 씻은 뒤 판매하는 것이 코피 루왁이다. 자연적으로 생산되는 코피 루왁은 1년에 약 500kg에 불과하기 때문에 이 콩으로 끓인 커피 한 잔은 최대 80달러까지 팔 수 있다고 한다. 이 커피가 인기를 얻자 사향고양이를 우리에 가둔 채 커피 열매를 먹여서 코피 루왁을 생산하는 농장도 생겨났다. 이 때문에 인간의 이익 추구를 위해 동물을 학대한다는 비판을 받고 있다.

코피 루왁의 인기는 사향고양이의 장을 거친 커피가 단순히 자연 건조된 커피에 비해 산도도 높고 커피를 볶았을 때의 맛과 향이 더 좋은 덕분이었다. 이는 커피의 산도를 높이는 발효 과정이 사향고양이의 장에서 진행되기 때문이다. 하지만 1940년대 이후에는 습식 공정에서 산도를 높이는 발효 방법이 개발되었기 때문에 굳이 사향고양이를 이용하지 않아도 산도가 좋은 커피를 만들 수 있다.

을 보완하는 역할을 해야 하는데 이런 점에서는 현재의 자바보다는 수마트라 만델링 커피가 더 목적에 부합한다고 본다.

수마트라 커피는 자연 건조 방식으로 가공하다가 마지막 과육과 파치먼트를 제거하는 과정에서 뜨거운 물로 씻어내기 때문에 전 과정을 자연 건조로 말리는 커피보다 형태가 훨씬 균일하며, 퀴퀴한 부엽토 냄새가 많이 제거된다. 이 부분은 커피 수확과 후처리 부분의 반습식 공정에서 다루었다.

4. 필리핀

18세기 초에 커피 농사를 시작한 필리핀은 1880년에 이르러서는 세계 4위의 커피 수출국이 되었다. 하지만 19세기 말 인도네시아를 휩쓴 잎마름병은 필리핀에도 큰 피해를 입혔다. 필리핀 무역성에 의해 주도되던 커피 산업은 서서히 개인 소유의 농장으로 옮겨가 생산량이 다시 늘고 있다. 이러한 노력으로 2015년 기준 1만 2,000톤의 생산량으로 세계 31위에 올랐다. 필리핀에서 가장 큰 커피 농장은 세부 남쪽의 알코이Alcoy 마을 근처의 산악 지역에 위치하고 있으며, 해발 700m의 고원이다.

아라비카, 로부스타, 리베리카와 함께 액셀사Excelsa: 2006년 리베리카종의 하위종으로 재분류된 Coffea Liberica var. dewevrei도 재배되는 몇 안 되는 나라 가운데 하나다. 필리핀에서 재배되는 커피의 약 85%는 인스턴트커피를 생산하는 데 사용되는 로부스타로, 네슬레에서 상당 부분을 구매한다. 필리핀 커피의 약 5%는 카펭타갈로그Kapeng

Tagalog로 불리는 고급 아라비카 커피이며, 7%는 가뭄에 강한 액셀사 품종이다. 나머지 약 3%는 리베리카로, 카팽 바라코Kapeng Barako라는, 어떠한 종류의 토양에서도 자라는 품종이다. 아라비카는 바디감이 높고 약간 스파이시하며 부드러워 에스프레소의 블렌딩에 들어가면 좋다.

필리핀 남쪽 민다나오섬의 고산 지대는 커피를 재배하기 적절한 환경으로, 질 좋은 커피를 생산할 수 있는 잠재력을 갖춘 국가다.

5. 라오스

1920년대 초 프랑스 식민지 시절 프랑스인에 의해 커피 재배가 시작되었다. 라오스의 주요 커피 재배 지역은 화산의 붉은 토양을 가진 볼라벤Bolaven 고원이며 사라반Saravan, 캄파 사크Champasak, 세콩Sekong과 같은 남부 지역을 포함한다. 라오스의 사프란 커피Saffron Coffee라는 회사는 메콩강을 따라 북부 라오스 산맥의 세계문화유산 루앙프라방Luang Prabang에서 산악 부족이 재배한 원두를 제공한다.

2015년 3만 1,000톤으로 세계 22위 생산국에 올랐다. 라오스의 커피는 냉전시대 소비에트 연방과 동구권 국가들에 주로 수출되었으며, 현재는 대부분 프랑스로 수출된다. 브라질 커피보다 가격이 조금 비싸지만 브라질 커피 특유의 쓴맛이 없고 훨씬 부드럽다. 동남아시아에서 생산되는 아라비카 커피에서 공통적으로 느껴지는 송진 냄새가 좀 아쉬운 부분이며, 중간 바디감에 향도 많은 편이고 중간 정도의 산도를 지니고 있다.

6. 인도

인도는 홍차로 유명하지만, 2015년에는 34만 9,980톤의 커피를 생산한 세계 6위의 커피 생산국이기도 하다.

인도의 커피는 남부의 구릉 지역의 몬순기후에서만 소규모 농장 단위로 재배된다. 카르나타카Karnataka주에서 70% 이상 생산되고 케랄라Kerala주의 텔리체리Tellichery와 말라바Malabar에서 25%, 타밀나두Tamil Nadu주의 닐기리Nilgiris에서 나머지 5%가 생산된다. 인도 하면 마이소르Mysore 커피가 가장 먼저 떠오르는데, 카르나카타주의 옛 이름이 마이소르다.

인도 커피 중에 주목할 만한 것은 몬순 말라바Monsooned Malabar 커피다. 1854년부터 시작된 영국 통치하의 인도에서 커피는 범선에 실려 유럽으로 수출되었다. 배를 타고 가며 더운 날씨와 지속적인 습기에 6~7개월간 노출된 생두는 본래 가지고 있던 초록색이 노란색으로 변하고 커피 맛 역시 신맛이 사라져 부드러운 커피로 변한다. 범선이 증기선으로 바뀐 후 인도의 수출업자들은 유럽의 구매자들이 과거 범선을 타고 온 커피를 선호한다는 사실을 알게 되었다. 그래서 인도 말라바의 커피업자들은 범선을 타고 가는 환경과 비슷하게 습기와 몬순기후에 커피를 노출시키는 방법을 고안했다. 인도는 5월과 6월 사이에 습한 바람이 불어오는데 이 시기에 커피를 15~20cm 두께로 지붕만 덮은 건물 바닥에 펼쳐 약 5일 동안 습기를 머금은 바람을 맞게 한다. 이후 커피 백에 여유 있게 담은 뒤 몬순 바람에 지속적으로 노출시키는 과정을 7주 동안 거치면 색이 변한다. 이렇게 완성된 몬순 말라바 커피는 가장 좋은 등급인 AA로 매겨진다.

기타

1.코나 커피

하와이 빅아일랜드 북쪽 후알라라이Hualalai와 마우나로아 Mauna Loa, 남쪽 코나 지역의 경사면에서 재배되는 아라비카 커피를 코나 커피라고 하며, 세계에서 가장 비싼 커피 중 하나다. 맑은 아침, 구름이 끼거나 비가 내리는 오후, 바람이 거의 없고 선선한 밤의 기온이 미네랄이 풍부한 다공성 화산 토양과 결합해 완벽한 커피 재배 조건을 만든다.

하와이의 커피나무는 1828년 새뮤얼 레버런드 러글스Samuel Reverend Ruggles가 브라질에서 들여온 커피 나뭇가지에서 시작되었다. 영국 상인 헨리 니콜라스 그린웰Henry Nicolas Greenwell이 이 가지를 코나로 옮기면서 전 세계적인 코나 커피의 초석을 다졌다.

1990년대 코나 지역의 많은 커피나무가 뿌리혹선충류의 감염으로 피해를 입었다. 2001년 리베리카 종의 뿌리가 선충에 내성이 있는 것으로 나타나 과테말라 아라비카종을 리베리카종 뿌리에 접목해 해충에 저항을 가진 나무를 생산하며 위기를 넘겼다. 이 교잡종 나무는 하와이 대학교 코나연구소의 소장이었던 에드워드 후쿠

나가Edward T. Fukunaga, 1910~1984년의 이름을 따서 명명되었으며, 여전히 고품질의 커피콩을 생산해내고 있다.

진짜 코나 커피는 하와이의 표시법에 따라 '100% 코나 커피' 또는 '순수한 코나 엑스트라 팬시급 커피Pure Kona coffee Extra-fancy' 라는 단어가 표기된다. 평균 등급의 코나 커피는 꽃 향기와 가벼운 산도, 단맛이 살짝 느껴지는 미디엄 바디의 커피다.

[표 2] 세계 커피 생산량 순위(2015년, 단위: 톤)

1	브라질	2,594,100	19	에콰도르	42,000
2	베트남	1,650,000	20	카메룬	34,200
3	콜롬비아	810,000	21	마다가스카르	31,200
4	인도네시아	739,020	22	라오스	31,200
5	에티오피아	384,000	23	태국	30,000
6	인도	349,980	24	베네수엘라	30,000
7	온두라스	345,000	25	도미니카 공화국	24,000
8	우간다	285,300	26	아이티	21,000
9	멕시코	234,000	27	콩고	20,100
10	과테말라	204,000	28	부룬디	15,000
11	페루	192,000	29	르완다	15,000
12	니카라과	130,500	30	토고	12,000
13	코트디부아르	108,000	31	필리핀	12,000
14	코스타리카	89,520	32	기니	9,600
15	케냐	49,980	33	예멘	7,200
16	탄자니아	48,000	34	쿠바	6,000
17	파푸아뉴기니	48,000	35	파나마	6,000
18	엘살바도르	45,720	36	볼리비아	5,400

6. 커피의 맛과 향

"커피 맛 좋은데."

"커피 향 좋네."

좋은 커피를 마셨을 때 흔히 쓰는 표현이다. 사실 이 외에 다른 표현이 드물다. 다시 말해 커피는 맛 외에 향도 그만큼 중요하다.

커피에서는 맛taste과 향aroma 외에 맛과 향을 동시에 느끼는 표현flavor이 하나 더 있다. 플레이버는 우리말로 번역할 때 상황에 따라 향이라고도 하고 맛이라고도 한다. 커피에서는 코로 맡는 향 외에 입으로 커피를 마실 때 느껴지는 향을 이렇게 표현하기에 우리는 '향미'라는 표현을 쓰도록 하겠다.

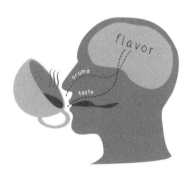

[그림 11] 맛taste + 향aroma = 향미flavor

맛과 향의 감지

혀로 느끼는 맛이란, 혀에 있는 미각세포가 수용체를 감지했을 때 뇌에 신호를 보내는 작용이다. 콧속의 후각세포도 같은 방식으로 기능한다. 우리는 보통 혀로 맛을 구분한다고 생각하지만, 혀가 뇌로 전달하는 정보는 지극히 한정되어 있다. 이 때문에 후각기관에서 감지되어 뇌로 전달되는 정보 없이 혀만으로 느끼는 감각으로는 자신이 먹거나 마신 것이 무엇인지 정확히 알기 어렵다. 예를 들면 콜라와 사이다, 식초와 레몬주스를 구별할 수 없다. 이를 구별하는 것은 어떤 물질의 맛과 향을 한꺼번에 받아들여서 뇌가 재구성한 것이다.

커피를 마실 때 커피 속에 녹아 있는 수용성 고형분을 혀로 느끼고 커피의 향기 성분을 후각기관이 감지해 뇌에 신호를 보내는 과정이 동시에 이루어져야만 지금 마신 음료가 커피인 줄 알게 되고 어떤 종류의 커피인지도 구분하며 커피의 좋고 나쁨을 판단할 수 있다.

냄새를 맡는 후각기관과 맛을 느끼는 미각기관이 분리된 것은 대단히 중요한 의미를 가지고 있다. 냄새를 맡아서 생명에 위협이 되는 경우는 어지간해서는 없지만 부패했거나 독성을 지닌 음식을 섭취하거나 혀에 대는 것만으로도 목숨을 잃을 수 있기 때문에 냄새를 맡는 행위는 이를 사전에 방지해주는 역할을 한다.

커피의 객관적 품질을 연구하는 일은 맛 성분을 검출하는 기구인 액상 크로마토그래피와 향기 성분을 검출하는 기구인 가스 크로마토그래피가 발명된 1950년대 이후에나 가능하게 되었다. 이 기구들이 없던 시절에는 오로지 마시는 사람의 선호도에 의해 좋은 커피가 결정될 뿐, 선호도의 차이가 무엇에 근거하는지 과학적이고 객관적인 차이를 제시할 방법이 없었다.

커피 속 혀로 느끼는 맛을 구성하는 비휘발성 성분non-volatile compound의 특성과 후각기관으로 느끼는 휘발성 향volatile aroma을 구성하는 성분의 특성은 대부분 파악되었고 최근에 와서는 실험 장비에 의한 결과만으로 커피 속 성분이 좋은 향과 맛을 내주는 성분이 많으면 좋은 커피이고 커피 속 성분들이 이미 나쁜 맛이라고 밝혀진 성분이 많다면 나쁜 맛의 커피라고 말할 수 있는 단계가 되었다.

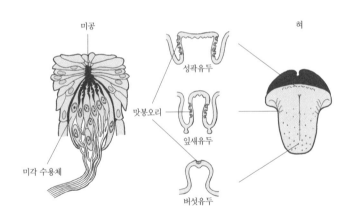

[그림 12] 혀에 위치한 맛봉오리의 서로 다른 모양들과 맛 수용체 세포

커피의 맛

맛에는 다섯 가지 기본 맛이 있다. 짠맛, 쓴맛, 단맛, 신맛은 기존에 구분되는 맛이고, 일본에서 파생되어 전 세계 공용어가 된 우마미umami가 있다. 우마미는 '맛있다'를 뜻하는 일본어 우마이美味い와 맛을 나타내는 미味를 조합한 단어다. 감칠맛을 의미하며, 다시마를 우려낸 국물에 많은 글루타민산염glutamate과 가다랑어포나 표고버섯을 우린 국물의 주성분인 뉴클레오티드nucleotide를 혀가 감지해 느끼는 맛이다.

미각세포는 혀 전체뿐 아니라 입속 뒷부분과 입천장까지 분포되어 각각의 맛봉오리에서 다섯 가지 맛을 모두 느낄 수 있다. 과거 혀의 앞부분은 단맛을, 안쪽에서 쓴맛을, 혀의 양옆은 신맛을 느낀다고 알려진 맛 지도는 잘못된 것으로 밝혀졌다. 이 분야는 여전히 연구되고 있는 분야인데, 개인별로 맛과 향의 감지에 대한 편차가 심하기 때문이다.

커피를 대상으로 할 때 커피에는 짠맛과 우마미는 거의 없다고 봐도 된다. 여기서는 커피의 단맛과 쓴맛, 신맛, 떫은맛 등을 살펴보고자 한다.

단맛

달지 않아서 기호에 따라 설탕을 추가해 마시는 커피이지만, 생두에는 많은 양의 설탕자당이 포함되어 있다. 이 때문에 어떤 사람들은 커피에 설탕을 첨가하지 않아도 충분히 맛있게 마신다. 생두에 있는 설탕 성분이 캐러멜화를 거쳐 이산화탄소와 향으로 변하기 때문에 로스팅을 강하게 할수록 단맛이 덜하고 약하게 하면 단맛이 더 난다. 다만 커피의 단맛은 아주 약해서 설탕의 단맛을 기대하면 안 된다. 커피 속 설탕은 캐러멜화와 열분해를 거쳐 수많은 향기 성분으로 변하는 전구체 역할도 매우 중요하다.

쓴맛

커피의 쓴맛은 다양한 화합물질이 결합해 맛 감지 경로를 통해 우리 뇌에 쓴맛으로 전달된다. 따라서 커피에서는 쓴맛의 원인을 하나로 정의하기가 불가능하다. 오이의 꼭지 부분에서 느껴지는 쓴맛의 성분인 쿠쿠르비타신cucurbitacin과 같이 어느 한 성분이 대표적으로 커피의 쓴맛을 책임지지 않기 때문이다. 과추출이라든지 원두를 너무 곱게 간 것도 커피 맛이 쓴 것과는 상관없다. 이때는 훈연취나 커피를 구성하는 목질의 탄 냄새 등 쓴맛과는 다르지만 쓴맛이라고 착각할 수 있는 좋지 않은 맛을 많이 추출해내는 것이다. 이것으로 커피가 쓴 이유를 설명하기에는 부족하다.

커피에서 쓴맛을 나타내는 성분은 다양하고 생성 원인 또한 복잡하다.

R. J. 클라크R. J. Clark는 《커피 생리학Coffee Physiology》에서 커피의 쓴맛을 내는 성분을 알칼로이드, 글리코사이드glycosides: 수산기 그룹의 반응을 일으키는 부분, 펩타이드단백질 수해물의 세 그룹으로 나누었다.

또 단맛이 난다고 감지했던 성분이 농도가 진해지면 쓴맛을 나타내는 특이한 경우도 있다며, 카페인이 커피의 쓴맛에 기여하는 것은 10% 미만이라고 언급했다.

그 밖에도 많은 학자들에 의해 쓴맛을 내는 물질이 밝혀지고 있다. 5-히드록시메틸-2-퓨란알데히드5-hydroxymethyl-2-furanaldehyde 푸르푸릴 알코올furfuryl alcohol, 디케토피페라진diketopiperazines, 피라진pyrazine, 트리고넬린이 쓴맛을 내는 것으로 밝혀졌으며,[4] 카페오일퀸산caffeoylquinic acid이 에스테르화와 에피머화를 거치며 생성한 카페오일 퀴나이드caffeoyl quinides가 매우 쓴맛을 낸다는 사실도 밝혀졌다.[5] 그 외에도 4-비닐카테콜4-vinylcatechol과 이 성분으로부터 생성된 폴리히드록실레이트 페닐리단polyhydroxylated phenoylidans이 혀가 얼얼한 쓴맛을 내는 것도 밝혀졌다.[6] 커피의 쓴맛에 기여하는 물질은 다 밝혀지지 않았다. 대상 성분들이 매우 불안정한 상태라서 화학반응을 일으켜 성분을 추출하는 한정된 짧은 시간에도 다른 맛을 내는 물질로 변해버리기 때문이다.

확실한 것은 커피의 쓴맛은 앞서 언급한 모든 쓴맛 성분이 축적되고 농도가 높아져서 나타나는 복합적인 맛의 결과라는 것이다. 클라크가 말했던 단맛의 성분이 농도가 진해지면 쓴맛을 나타

4) Bitterness: Perception, Chemistry and Food Processing : M. Aliani, Michael Eskin
5) 클리퍼드Clifford(1979): 프랭크 외Frank et al(2006, 2008) 블룸버그 외Blumberg et al(2010)
6) 프랭크 외 Frank et al 2007 블룸버그 외 Blumberg et al 2010

내는 것도 이 때문이다. 실제로 사카린과 아세설팜-Kacesulfame-K는 설탕의 수백 배에 달하는 단맛을 내지만 고농도에서는 전혀 달콤하지 않다.

신맛

커피는 탄소를 가지고 있는 유기 화합물인 카복실산carboxyl acids들에 의해 새콤한 정도의 신맛을 낸다. 생두에는 구연산citric acid, 말산malic acid, 아세트산acetic acid, 젖산lactic acid, 포름산formic acid이 포함되어 있는데, 이 가운데 구연산은 로스팅하면 다른 성분으로 변하므로 커피의 새콤한 맛은 아세트산과 젖산, 포름산, 말산에 기인한다.

떫은맛과 금속성 맛

커피를 마신 후 혀를 조이는 듯한 느낌이 수렴성의 떫은맛 astringecy이다. 한편 금속성 맛은 주석으로 만든 통조림 과일을 먹었을 때 느끼는, 신맛과 비슷하지만 조금 다른 느낌의 맛이다. 커피에서 이런 느낌을 주는 원인 성분은 디카페오일퀸산dicaffeoylquinic acids 이다.

커피의 향

맛과 마찬가지로 후각 기능의 원리가 밝혀진 것은 최근의 일이다. 1991년 컬럼비아 대학교의 리처드 엑셀Richard Axel 교수와 프레드 허친슨 암 연구소Fred Hutchinson Cancer Research Center의 린다 벅Linda Buck 교수는 냄새를 감지하는 신경세포에 발현하는 후각 수용체의 정체를 처음으로 밝혔으며, 동물이 냄새를 맡으면 뇌가 그 정보를 처리하는 과정에 관한 연구를 진행해 2004년 노벨 생리의학상을 수상했다.

식품에서 향은 각종 향신료와 허브, 과일 등 식재료 자체에서 향이 나는 경우와, 요리하기 전에는 향이나 냄새가 없던 재료들이 조리 과정을 통해 맛있는 향과 냄새를 풍기는 경우가 있다. 후자는 대부분 열분해에 의해 일어난다. 즉 식재료를 굽는 것이다. 우리는 몇 미터 떨어져 있는 곳에서 생고기의 냄새를 맡을 수는 없지만, 일단 고기를 굽기 시작하면 그보다 더 먼 곳에서도 알 수 있다. 설탕 역시 별다른 냄새가 없지만 가열하면 캐러멜화하면서 특유의 달콤한 향이 나고, 밀가루와 버터 등으로 만드는 빵도 구우면서 구수한 냄새가 난다.

향이 생성되는 과정은 커피를 볶을 때도 예외 없이 일어난다. 이렇게 만들어진 향은 극미량에 해당하는 휘발성 성분들의 다양한 집합체로, 이것을 후각기관이 감지하는 과정이야말로 커피에 관한 모든 정보를 우리가 알 수 있는 핵심이다. 따라서 이 미량의 휘발성 성분을 연구하는 것이 커피 연구에서 가장 중요한 부분이라 할 수 있다.

커피 속에는 현재까지 1,000가지가 넘는 성분이 발견되었다.

이 가운데 인간의 후각기관이 인지하는 물질은 30여 가지에 불과하다.

커피 냄새에 가장 많은 영향을 주는 베타-다마시넌β-damascenone은 장미꽃에서 나는 향의 주요 성분인데 커피에서도 달콤한 향을 낸다. 따라서 개인의 기호와 관계없이 베타-다마시넌이 많은 커피는 좋은 커피의 절대적 기준이 되고 있다. 반대로 소독약 냄새 혹은 연기 냄새로 대표되는 과이어콜 성분은 적을수록 나쁜 냄새가 나지 않는 좋은 커피가 된다.

좋은 커피 맛과 향의 기준

과학적 기준이 있다고는 해도 음식의 맛과 향은 만족도라는 개인의 기준에 의해 최종적인 평가가 내려지기 때문에, 단 하나의 정답이라는 것이 없다. 더구나 기호음료로 분류되는 커피의 평가는 주관적일 수밖에 없다. 그렇다고 하더라도 맛과 향의 원리가 과학적으로 밝혀진 현재 시점에서 좋은 커피를 구분하기 위해 최대한 주관이 배제된 기준을 제시해보고자 한다.

> ● 부드럽다: 부드럽다는 표현은 좋은 맛이 많이 난다는 의미보다는 나쁜 맛이 없다는 의미다. 여기서 나쁜 맛은 너무 쓰거나 신 자극적인 강한 맛이 없는 커피다.

● 깨끗하다: 위생과는 상관없으며, 부드러움과 또 다른 종류의 나쁜 맛이 없다는 표현이다. 생두의 보관에 문제가 있어 곰팡내 같은 발효취가 나거나, 커피 오일이 오래되면 나는 산패취, 생두 건조 단계에서의 취급 부주의로 생기는 부엽토 냄새 등이 있다면 깨끗한 커피를 만들 수 없다.
● 향기롭다 : 말 그대로 좋은 향을 많이 포함하고 있다.
● 신선하다 : 커피가 오래되지 않아 산패취 등 나쁜 냄새가 나지 않는다.
● 여운이 길다: 숨을 내쉴 때마다 목젖 부근에서 후각기관으로 올려보내는 커피의 잔향이 있다는 의미다.

더 자세한 내용은 커핑 편에서 다루겠다.

커피의 좋은 맛과 향을 느끼는 일은 생각보다 쉽지 않다. 커피에 대해 알면 알수록, 여러 가지 커피를 마실수록, 미각과 후각이 예민해질수록 더 어려워진다. 천체망원경이 커지고 해상도가 높아질수록 더 많은 별이 보이고 탐구할 영역이 넓어지는 것과 마찬가지다. 혀가 예민해질수록 좋은 맛도 더 세분화되어 느껴지고 그동안 느끼지 못하던 나쁜 맛과 향도 느껴지기 때문이다.

이런 점은 와인과 비슷하다. 와인을 제대로 맛보기 위해 공부하고 시음회에 참가하는 것처럼, 커피도 다양한 종류를 마셔보고 공부해야만 제대로 된 커피 맛과 향을 음미할 수 있게 될 것이다.

인공 향을 입힌 커피 향 커피는 원두 표면으로 나온 커피 오일의 산화를 막기 위해 차단막을 입힌 것이 그 시초였다. 막을 입힌 원료는 프로필렌글리콜propyleneglycol인데 이 물질은 어는점이 영하 54℃, 끓는점이 180℃에 이르는 대단히 안정적인 액체다. 하지만 특유의 금속성 냄새가 커피 맛을 해치자 이를 보완하기 위해 휘발성 인공 향을 입히게 되었다. 시판되는 향 커피는 수백 종에 달하며 헤이즐넛 향 커피의 인기가 높다. 하지만 프로필렌글리콜에 섞는 인공 향들은 매우 독하기 때문에 여기서 일하는 근로자들은 정화통이 붙은 방호복을 입어야 했다. 프로필렌글리콜은 차량용 부동액의 핵심 원료이기도 하다.

향을 입히기 위한 커피는 좋은 원료를 쓸 이유가 없기 때문에 등급이 낮은 원두를 사용하며, 무엇보다 시간이 지나며 나는 커피의 변질된 맛 또한 덮어주기 때문에 소비자로 하여금 올바른 선택을 하지 못하게 만드는 속임수라고 볼 수 있다.

7. 커피 로스팅

로스팅은 한마디로 생두를 볶는 일로, 커피에 맛과 향을 부여하는 과정이다. 로스팅은 커피를 마시는 소비자가 반드시 이해하고 넘어가야 하는 중요한 포인트다. 커피를 직접 볶을 일이 없다고 하더라도 커피의 추출, 좋은 맛과 향에 대한 모든 것이 로스팅에서 시작하기 때문이다. 또 로스팅 단계를 알아야 취향에 맞는 커피를 살 수 있다.

커피 구조 편에서 알아본 바와 같이 커피는 약 12%의 수분을 포함하고 목질로 만든 압력밥솥 형태의 세포 안에 설탕, 전분, 다당류와 같은 탄수화물, 지질, 단백질 등으로 가득 찬 구조로 되어 있다. 로스팅은 복잡한 화학적 변화를 수반하지만, 쉽게 말하자면 나무 압력밥솥에 열을 가해 열을 받는 과정 중에 수분이 증발하고 밥솥 안에 가득 차 있던 내용물은 본래의 성질과는 다른 형태로 변하는 것이다.

로스팅이란?

로스팅을 하면 공간 없이 꽉 차 있던 생두의 조직이 벌어지며 기공이 많은 상태로 변한다. 고수율high yield의 커피, 즉 수용성 고형분이 많이 생성되는 커피는 퍼핑이 잘 된 커피를 말한다. 부피가 커지면 커피 내부의 기공이 늘어나 물이 잘 스며들기 때문에 추출률이 높아진다.

미네소타 대학교 로베르토 A. 부포Roberto A. Buffo 교수와 미국의 식품기업 콘아그라의 클라우디오 카르델리Claudio Cardelli 박사는 커피의 로스팅에서 생기는 변화를 자신들의 논문 〈커피의 맛과 향: 개요Coffee flavour: an overview〉에서 짜임새 있게 설명하고 있다.

로스팅 과정은 대략 세 단계로 나눌 수 있다.

첫 번째는 건조 단계로, 흡열반응endothermic: 주변의 열을 받아들이는 단계으로 수분이 증발한다. 비릿한 생콩 냄새가 땅콩 냄새를 거쳐 빵 냄새로 변하며, 노란색을 띠게 된다

두 번째 단계는 실질적인 로스팅이 이루어지는데 복합적인 열분해 반응으로 생두의 화학성분에 큰 변화가 일어난다. 그 결과 많은 양의 이산화탄소가 방출되며 커피의 맛과 향에 관여하는 수백 가지 물질들이 생성된다. 커피는 진한 갈색으로 변한다. 이 과정은 초기에는 발열반응exothermic: 스스로 타며 열을 방출하는 단계이나 열분해 반응이 190~210℃에서 최대로 일어나서 휘발성 성분들을 방출한 뒤 흡열반응으로 변하고 210℃에서 다시 발열반응으로 바뀐다.

마지막 단계는 공기나 물을 이용해, 로스팅이 진행되는 것을 급속히 멈추게 하는 급속 냉각 단계다.

로스팅과 산미

경험이 풍부한 요리사가 같은 재료로 더 맛있는 걸 만들 수 있듯이 커피 역시 똑같은 생두라도 어떻게 볶느냐에 따라 그 맛이 더욱 훌륭해질 가능성이 있다.

예를 들어 아무리 좋은 생두라도 연하게 볶아서 커피의 쓴맛과 향은 거의 없고 신맛만 심하게 난다면 좋은 커피라고 할 수 없을 것이다. 반대로 커피의 신맛을 즐기는 이들에게 강하게 볶은 커피를 제공하면 맛있다고 느끼지 못할 것이다. 따라서 맛있는 커피를 마시기 위해서는 앞서 소개한 산지별 커피의 특징에 앞서 로스팅이나 추출에 의해 커피 맛이 어떻게 변하는지 아는 것이 우선되어야 할 일이다.

커피를 로스팅한 뒤 24~48시간이 지나기 전까지는 커피의 진하고 구수한 맛과 혀에서 느끼는 찐득한 점성은 느껴지지 않는다. 또 신맛은 시간이 지남에 따라 꾸준히 줄어든다. 이런 맛과 향의 변화 역시 로스팅 단계를 결정하는 데 중요한 사항이다.

커피에서 산미는 가장 중요한 맛 가운데 하나다. 오래전부터 커피 무역업자들은 좋은 생두를 지칭할 때 '신맛 나는 커피acidic coffee'라고 했다. 하지만 이는 신맛과 함께 커피를 볶으면 향으로 변하는 다른 많은 성분들을 많이 가지고 있는 생두라는 뜻이지, 마실 때 신맛이 나야 좋은 커피라는 의미가 아니다. 여기에 로스팅의 중요성이 있다. 생두가 가진 산을 포함한 향의 전구체들을 얼마나 휘발성 향

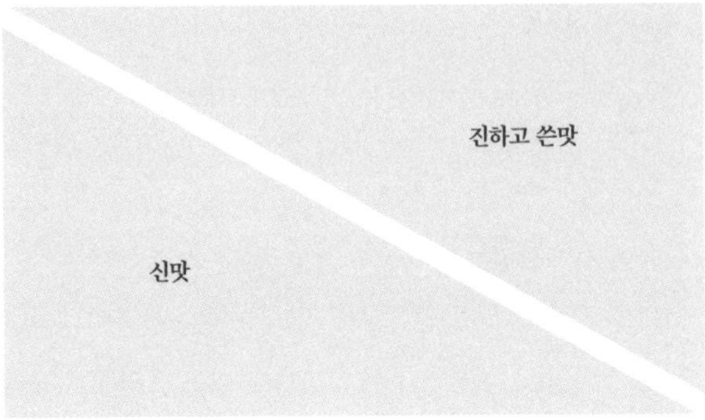

[그림 13] 커피의 신맛과 구수하고 진하고 쓴맛은 반비례한다

으로 변화시키느냐가 로스팅의 기본이며, 커피의 신맛도 일정 부분 남겨두어 커피의 성분이 농축되어 느껴지는 기분 좋은 쓴맛의 뒤에 가려져 있게 만드느냐가 로스팅 기술의 정점이다.

　　생두를 로스팅할 때 커피 속 유기산인 구연산, 말산, 아세트산, 젖산, 포름산이 어떻게 변하는지 측정해보았더니 [표 3]과 같은 결과가 나왔다. 구연산은 생두에 존재하지만 로스팅에 의해 최종적으로 모두 사라졌으며, 반대로 생두에는 전혀 존재하지 않았던 아세트산은 로스팅 중간 시점에 생성되어 로스팅을 마칠 때까지도 그 양을 유지했다. 누적된 양에서 차이가 있지만 포름산, 말산이 비슷하게 생성되어 마지막까지 남았다. 또 젖산은 처음부터 끝까지 양이 지속적으로 증가했다.

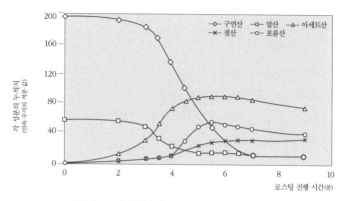

그래프 범례: ─◇─ 구연산 ─□─ 말산 ─△─ 아세트산
          ─✕─ 젖산 ─○─ 포름산

(세로축) 각 성분의 누적치
(연속 수치의 적분 값)

(가로축) 로스팅 진행 시간(분)

[표 3] 로스팅 진행에 따른 커피 속 유기산의 변화

로스팅 단계

로스팅 단계roasting degree를 표현하는 단어를 통일하는 것은
커피를 주문하는 고객 입장에서도 커피를 볶아서 납품하는 로스팅
기업으로서도 매우 중요한 일이었다.

우리가 가장 많이 사용하는 분류법은 뉴욕시티 분류법이다.
대체로 커피를 내려 마실 수 있는 최소한의 로스팅 단계가 라이트
light이며, 시나몬cinnamon, 미디엄medium, 하이high, 시티city, 풀시티full-
city, 프렌치French, 이탈리안Italian의 8단계로 나누는 것이다. 윌리엄
유커스William Ukers의 1920년《올 어바웃 커피All about coffee》에 최초로
등장하면서 일반화되었다.

하지만 모두가 이 기준과 단어를 사용하는 것은 아니다. 약 로스팅 단계를 시나몬, 뉴잉글랜드New England 중 로스팅 단계는 아메리칸American, 강 로스팅은 풀시티, 비엔나Vienna, 프렌치, 이탈리안으로 나누는 분류법도 있다. 이외에도 여러 명칭이 있다. 이는 지역의 문제일 뿐만 아니라, 로스팅의 단계가 획일적으로 적용할 수 있는 기준이 없기 때문에 개인의 판단에 따라 이견을 보이는 경우가 흔하다. 따라서 대체로 약, 중, 중강, 강 로스팅 정도의 단계가 있다고 알아두는 것이 편리하다.

이 책에서는 우리나라에서 널리 통용되는 뉴욕시티 분류법으로 로스팅을 더 알아보겠다. 로스팅의 단계별 특징을 알아보기 전에 연속적으로 진행되는 로스팅의 변화 과정을 먼저 요약해보자.

- 커피를 강하게 볶으면 볶을수록 신맛은 줄어든다.
- 꽃 향이나 과일 향 등 생두 고유의 특징을 각종 유기산의 복합적 신맛과 수용성 고형분의 맛을 기준으로 판단할 때, 로스팅을 강하게 할수록 신맛이 사라짐에 따라 고유의 특징도 줄어든다.
- 풀시티+ 단계에서 맛과 향이 최고에 달하고 그 이상으로 로스팅하면 맛과 향 모두 감소한다.
- 커피 오일은 풀시티 단계부터 나타나기 시작해 강하게 볶을수록 커피 표면을 모두 덮게 된다.
- 카페인은 열화학적으로 안정된 육각형 고리 구조의 퓨린

계 화합물이다. 녹는점도 214℃로 높아 로스팅 초기에는 아무 변화가 없지만 프렌치 이상 로스팅 단계가 올라가면 카페인이 분해되어 함유량이 줄어든다.

로스팅의 특징들을 살펴보면 풀시티 이상으로 볶으면 신맛도 사라지고 고유의 특징도 사라진다고 하니 그 이상으로 볶을 필요가 없어 보일 것이다. 하지만 추출 방식에 따라 로스팅 단계가 다른 효과를 낸다. 이 부분은 추출에서 다시 살펴보겠다.

	뉴욕시티 분류법	미 북동부 분류	최근 미국 트렌드	기타 명칭들
약 로스팅	라이트	-	라이트 시티	라이트, 시나몬, 뉴잉글랜드
	시나몬	시나몬	하프시티 half-city	
중 로스팅	미디엄	뉴잉글랜드	시티	레귤러, 아메리칸, 브렉퍼스트
	하이	시티	시티+	
중강 로스팅	시티	풀시티	풀시티	애프터 디너after-dinner
	풀시티	비엔나	풀시티+	
강 로스팅	프렌치	프렌치	비엔나(라이트 프렌치)	에스프레소, 컨티넨탈continental, 뉴올리언스New Orleans, 스패니시Spanish
	이탈리안	이탈리안	풀 프렌치	

[표 4] 여러 가지 분류법 용어의 차이

라이트 / 시나몬 로스트

라이트 로스트와 시나몬 로스트는 단계가 나뉘어 있지만, 실제로는 따로 구분해 언급하는 경우가 많지 않다. 둘을 합쳐 약 로스팅이라 불러도 무방하다.

생두의 온도가 $180 \pm 5°C$에 이르면 수분이 증발하면서 생긴 압력을 세포벽이 견디지 못해서 원두의 체적이 늘어나는 과정을 첫 번째 크랙이라고 말한다. 앞서 말한 퍼핑과 같은 뜻으로 쓰이는데 크랙은 소리, 퍼핑은 부피의 변화를 표현한 단어다. 첫 번째 크랙에서는 팝콘 터지는 것 같은 소리가 난다. 약 로스팅은 이 첫 번째 크랙 직후 단계로, 커피를 추출해서 마실 수 있는 최소한의 로스팅 단계다. 밝은 갈색으로 기름기가 전혀 없고, 외관상 커피의 주름이 아직 펴지지 않은 상태라서 매끈한 느낌이 나지 않는다. 커피 속 카페인은 분해되지 않아 함유량에는 변함이 없다.

- 장점: 커피 속의 오일이 아직 생기지 않아 오일 산화에 의한 산패취도 거의 생기지 않는다.
- 단점: 커피 오일이 생기지 않았다는 것은 커피의 향이 아직 생기지 않았다는 의미다. 따라서 향이 거의 없다.
- 맛: 신맛이 강하게 느껴지며 커피는 연하다. 또 생두 특유의 비린내가 나고 들척지근한 단맛이 난다. 옥수수차 같은 곡물을 볶은 맛에 가깝다.
- 향: 볏짚 냄새가 심하게 나고 커피 특유의 향은 거의 없다.

- 향미와 총평: 향이 중요하지 않고 약하게 볶아도 쓴맛이 나는 커피를 캔과 같은 포장으로 장기간 유통할 때 볶는 단계

미디엄 / 하이 로스트

분류법에 따라 뉴잉글랜드와 시티로 분류하는 방법도 있으니 혼동하지 않도록 표를 참고하자. 라이트와 시나몬 로스트를 구분하지 않고 약 로스팅으로 부르는 것 같이 미디엄과 하이 로스트도 함께 미디엄 로스트로 부르거나 중 로스팅 단계라고 이해하는 것이 혼동을 피하는 방법이다.

커피의 색은 밀크초콜릿색과 비슷하며, 표면은 주름은 많이 퍼졌지만 아직 매끈하다고는 할 수 없는 수준이다. 기름기를 거의 찾아볼 수 없고 카페인도 여전히 분해되지 않은 상태다.

- 장점: 커피 종류별 특징을 맛으로 구분하기 쉽다. 각종 유기산이 가장 많이 형성되며 열분해 되어 다른 성분으로 변하기 전이라 커피에 따라 과일 향이나 꽃 향 등 고유의 특징이 가장 풍부하다. 커피를 분쇄할 때 달콤한 향이 나고 맛도 쓴맛이 거의 없이 부드럽다. 커피 오일에 의한 산패가 일어나지 않아 보관성도 높다.
- 단점: 신맛이 강하다 커피 향이 조금밖에 생성되지 않았고 커피의 성분들이 맛과 향으로 변하는 과정이 이루어지

지 않아 바디감이 매우 약하다.

- 맛 : 신맛은 강하고 바디는 형성되지 않았다.
- 향 : 달콤한 과일 향이 나지만 커피에서 기대하는 향과는 거리가 있다.
- 향미와 총평: 에티오피아 하라 같은 자연 건조 커피나 예멘 모카와 같이 산미와 과일 향이 많은 커피의 특징을 최대한 살리는 데 사용된다. 또 드립 커피를 추출하기 위해 미디엄이나 하이 로스트 단계로 볶는 경우가 많다. 하지만 이를 에스프레소 기계로 추출하면 신맛이 심하고 바디는 약한, 균형이 무너진 커피가 된다.

시티 로스트

생두의 온도가 204±3℃에 이르면 커피 세포벽을 구성하는 섬유질인 셀룰로오스가 열에 의해 늘어나면서 찢어지는 현상이 나타난다. 이것이 두 번째 크랙이며, 기름에 튀기는 듯한 자글자글한, 첫 번째 크랙과는 확연히 다른 소리가 난다. 두 번째 크랙이 시작되는 바로 그때 로스팅을 끝내면 시티 로스트로 볶을 수 있다. 이때 귀로 소리를 듣는 것이 눈으로 보는 것보다 훨씬 정확하다. 커피의 색은 약간 어두운 갈색을 띠기 시작하고 표면의 주름은 다 펴져 매끈하다. 하지만 표면에 기름기가 여전히 없으며, 카페인도 변함없다.

- 장점: 전 단계에 비해 신맛이 조금 적어지고 바디감도 살

아나기 시작하며, 비린내도 거의 사라졌다. 바디감은 있지만 쓴맛이 아직 본격적으로 나타나지 않아 어느 추출 방식이든 가장 무난하다. 맛의 균형감도 중 로스팅에 비해 좋아졌다. 신맛이 없고 본래 쓴맛을 가진 브라질 커피 Brasil Santos NY2에는 가장 알맞은 로스팅 단계다.

- 단점: 바디감이 아직 약하다. 신맛이 강한 좋은 품질의 아라비카 커피의 경우 풍부한 향을 내기에는 부족하다.
- 맛 : 여전히 신맛이 강하고 바디감은 약하다
- 향: 신맛이 있는 만큼 커피 향은 아직 부족하다.
- 향미와 총평: 케냐, 탄자니아, 코스타리카, 콜롬비아 등 습식 공정으로 산미를 높인 커피를 제외한다면 맛과 향의 관점에서 보나 보관성에서 보나 두루두루 좋다. 중강 로스팅의 커피는 날이 갈수록 색이 진하게 변하는 것을 볼 수 있다. 축합 과정에서 생긴 카르테노이드cartenoid가 표면으로 올라오기 때문이다. 비록 표면에 기름이 보이지 않지만 커피 속에는 커피 오일이 이미 생성되어 있으므로 오일 또한 표면으로 올라온다. 색이 변하면서 산미도 함께 줄어들기 때문에 1개월 정도 기한을 두고 마실 경우에 좋다.

풀시티 로스트

짙은 갈색을 띠기 시작하며, 커피 표면 군데군데 기름이 보인다. 색으로 판단하려 하기보다 소리가 더 정확하다. 두 번째 크랙의 소리가 나기 시작할 때가 시티, 조금씩 사그라들기 시작할 때가 프렌치로 본다면, 풀시티는 그 중간이다. 다만 이 시간이 생각보다 길고 맛과 향의 변화가 무척 심해서 단순히 시티, 풀시티로 나누기에는 세밀한 구분이 어렵다. 이 때문에 최근에는 가장 자주 사용하는 로스트 단계인 시티와 풀시티만 세분화해서 플러스(+)기호를 덧 붙여 시티, 시티+, 풀시티, 풀시티+의 4단계로 나누는 구분법을 사용하는 로스터리가 많아지고 있다.

- 장점: 맛과 향 모두 최고점의 로스팅 단계다. 신맛이 많이 줄어들었지만 없어진 것은 아니다. 바디감이 풍부해져 가려져 있을 뿐이다.
- 단점: 이삼일이면 커피 오일이 표면을 뒤덮을 만큼 많이 생성되는데 산소와 만나며 산패취를 풍긴다.
- 맛: 커피의 구수하고 진한 쓴맛이 최고로 살아난다. 다시 말해 바디감이 풍부하다. 균형도 잘 잡혀 있다.
- 향: 커피 본연의 향이 모두 발현해 풍부한 향이 느껴진다.
- 향미와 총평: 앞서 말한 '신맛 나는 커피'로 가장 훌륭한 결과를 뽑아낼 수 있는 로스팅 단계. 케냐, 탄자니아, 코스타리카, 콜롬비아 외에도 산도가 높은 커피라면 이 단계로 볶으면 최상의 맛을 끌어낼 수 있다. 유통 기간을 길게 잡지 않는다면 훌륭한 로스팅 단계.

산패취에 관한 오해 로스팅 과정에서 커피 내부에 오일이 생기기 시작하면 커피를 볶을 때 생긴 이산화탄소의 압력으로 인해 이 오일이 커피 표면으로 밀려 나온다. 이 오일은 공기 중의 산소와 결합해 산화되기 시작한다. 볶은 지 약 4~5일 지나면 오일의 많은 부분이 산화되어 냄새가 나기 시작한다.

산패취는 상품성을 떨어뜨리기 때문에 실제로 식품점 등에서 진열해 파는 커피는 풀시티 단계 이상으로 볶아 팔기가 힘들다. 하지만 산패취는 표면의 커피 오일에만 해당하는 것으로 커피 속에 남아 있는 커피 오일과 기체 상태의 향은 상태가 오래 유지된다. 이런 원두는 분쇄하면 그 속의 오일과 좋은 커피 향이 표면의 산패취를 압도한다. 산패취 때문에 맛있게 볶은 커피를 놓치지 않도록 주의하자. 정말 오래된 커피는 표면에 커피 오일이 모두 말라버려 광택 없는 커피들이다.

프렌치 / 비엔나 로스트

두 번째 크랙은 특유의 가볍게 지글거리는 소리가 나는데 이 소리가 현저히 줄어드는 시점이 프렌치다. 갈색에서 검은색으로 변할 정도의 암갈색이며, 표면은 커피 오일로 뒤덮여 색이 더욱 진한 느낌이다. 캐러멜화 된 커피에서 나오는, 특유의 쓰지만 달콤한 향이 난다. 카페인이 일정 부분 분해되어 함량에 변화가 생긴다.

- 장점 : 향은 시티나 풀시티에 비해 덜하지만 산미가 거의 없고 맛이 구수해 아이스커피나 우유를 넣어 마시는 커피에 가장 잘 어울린다.
- 단점: 맛과 향을 유지하는 시간이 너무 짧다 2~5일은 진

하고 맛있는데 일주일만 지나도 커피 오일이 많이 빠져 나
가고 그나마 있던 신맛도 거의 사라진다.

● 맛 : 커피 속 수용성 고형분이 줄어들어 혀에서 점성으로
느끼는 진한 맛은 많이 사라진다. 필터로 내리면 탄 내가
많이 우러난다.

● 향 : 캐러멜화로 인한 탄 내가 나기 때문에 에스프레소를
연하게 희석해 마시는 아메리카노에는 적합하지 않다.

● 향미와 총평: 커피의 회전율이 높고 자체 로스팅 시설이
있다면 아이스커피와 카페라테, 카푸치노 등에 사용할 커
피로 따로 볶으면 좋다.

이탈리안 로스트

두 번째 크랙이 모두 끝난 시점이다. 검은색에 가까운 커피
색과 기름 범벅의 외형을 갖고 있다. 이 커피 오일은 에스프레소로
추출할 때 막처럼 커피 표면에 번진다. 신맛은 물론 커피가 가진 맛
과 향은 모두 사라진다. 카페인 역시 상당 부분 분해된다.

● 장점 : 볶아서 바로 에스프레소로 마시기 좋다. 중 로스팅
정도로 볶으면 연기가 빠지는 데 오래 걸리기 때문이다.

● 단점 : 맛과 향이 약하고 쓰며, 탄 내가 많이 난다.

● 맛: 탄 맛이 심하고 쓰다. 점도도 약해져 혀로 느끼는 진
한 맛이 없다.

- 향: 프렌치보다 더 심한 설탕 탄 내가 난다.
- 향미와 총평: 과거 유럽, 특히 이탈리아에서 이 로스팅이 유행했다. 아랍의 영향을 많이 받은 이탈리아 남부에서 즐겼지만, 커피의 맛과 향을 좌우하는 수용성 고형분과 커피 오일이 모두 연기로 날아가버린 로스팅 단계로, 최근에는 이렇게 볶는 경우를 찾아보기 힘들다.

여덟 가지 로스팅 단계를 모두 살펴보았다면, 로스팅에서 어떤 것이 가장 중요한지 찾았을 것이다. 첫째, 맛을 결정하는 수용성 고형분이 많이 만들어져 구수하고 진한 쓴맛이 나야 한다. 즉 바디감이 풍부해야 한다. 둘째, 원두가 잘 팽창해 커피 내부 표면적이 넓어져 추출 시 물이 잘 스며들어야 한다. 셋째, 커피 안에 향이 많이 생성되어야 한다. 넷째, 커피 오일이 적당히 만들어져 향이 달아나지 못하도록 최대한 가두어야 한다. 다섯째, 신선한 맛을 주는 산미를 남겨두어야 한다. 여섯째, 커피를 구성하는 세포벽의 목질이 심하게 타서 탄 내가 나서는 안 된다.

하지만 커피도 상업적 목적으로 로스팅되는 경우가 많다 보니 제품의 유통 기한 내에 품질을 유지하도록 하는 것이 중요할 수밖에 없다. 또 커피의 종류와 목적에 따라 로스팅 단계가 다를 수 있기 때문에 시장에서 다양한 로스팅 단계의 커피를 만날 수 있다.

커피의 성분: 로스팅두

커피의 색과 향은 모두 커피를 볶는 과정에서 생성된다. 로스팅된 커피 중량의 10%를 차지하는 커피 오일이 커피 향을 내는 역할을 한다. 비휘발성 성분은 신맛, 쓴맛과 떫은맛에 관여한다. 또한 비휘발성 성분을 계속 가열하면 열분해 되어 휘발성 향기 성분으로 변하는 전구체가 된다. 휘발성 성분은 서로 섞여서 복합적인 향을 낸다.

로스팅할 때 주로 이산화탄소와 물, 열분해 과정 중에 휘발성 성분이 방출되면서 중량이 감소한다. 다당질, 당분, 아미노산, 클로로겐산의 분해가 일어나며 유기산과 지방 성분의 함량은 상대적으로 약간 증가한다. 로스팅은 또한 많은 양의 캐러멜화 반응 산물과 응축반응의 산물들을 만들어낸다. 카페인과 트리고넬린의 농도에는 큰 변화가 없다.

하지만 이를 실험실에서 재현하거나 모의실험을 하기가 매우 어렵다. 그 이유는 다음과 같다. 우선 생두에 존재하는 향, 색, 맛의 활성 전구체가 전부 밝혀지지 않았다. 둘째, 매우 다양한 화학반응이 서로 복합 반응을 일으키며, 이때 생성된 중간물질intermediate products들은 반응을 지속하려 하기 때문에 따로 분리할 수 없다. 셋째, 대부분의 반응은 원두의 두꺼운 세포벽 안에서 일어나는데, 이 벽은 마치 압력밥솥과 같은 구조를 가지고 있어 내부 압력은 추정만 할 뿐 명확히 알지 못하기 때문이다.

비휘발성 성분들

로스팅된 커피의 비휘발성 성분은 크게 아홉 가지로 나뉘며, 신맛, 쓴맛, 떫은맛 같은 기본미각에 영향을 미친다. 여기에서 다루는 성분의 일부는 '생두' 편에서도 다루었지만, 생두와 로스팅한 뒤 커피의 성분 변화를 구별하기 위해 다시 한번 총체적으로 다룬다.

● 카페인: 커피 추출액의 진한 맛, 바디, 쓴맛에 영향을 미친다. 카페인의 약리 작용은 커피를 마셔야 할지를 결정하는 중요한 성분이다. 자세한 내용은 커피와 건강 편에서 다룬다.

● 트리고넬린과 두 개의 비휘발성 유도체인 니코틴산과 N메틸니코틴아미드methylnicotinamide.

● 마이야르 반응으로 진행되지 않는 단백질과 펩타이드들.

● 커피의 점성과 휘발성 성분의 잡아두는 역할을 하는 셀룰로오스, 헤미셀룰로오스, 아라비노갈락탄arabinogalactan, 펙틴과 같은 다당류들.

● 부식산humic acid 또는 멜라노이딘melanoidin: 아미노산과 단당류 사이에서 일어나는 마이야르 반응의 최후산물로 갈색을 띠며 커피를 볶을 때 생기는 특유의 커피색 원인물질.

● 신맛의 원인인 카복실산으로 주로 구연산, 말산, 아세트산 등.

- 클로로겐산 안에 포함된 주요 산들인 신남산cinnamic acid, 카페산, 페룰산, 이소페룰산iso-ferulic acid, 시나핀산sinapic acid 과 그들의 분해산물인 퀸산 등으로 떫은맛의 원인물질들.
- 트리글리세라이드, 테르펜terpene, 토코페롤tocopherol과 스테롤sterol 등의 지방류로 추출물의 점성에 영향을 미친다.
- 미네랄: 칼륨이 40% 정도로 주성분이고 마그네슘, 철분, 구리로 구성되며 로스팅 중 촉매 역할을 한다.

휘발성 성분(향)

커피의 향을 생성하는 메커니즘은 대단히 복잡하고 향 생성에 관련된 반응 모두 사이에서 많은 부분에 걸쳐 상호 간의 반응이 일어나는 것으로 알려져 있다. 주 반응으로는 다음이 있다.

- 마이야르 반응: 한쪽은 질소화합물(단백질, 펩타이드, 아미노산, 세로토닌serotoine, 트리고넬린과 환원 탄화수소, 히드록시산hydroxy-acids) 또 한쪽은 페놀들로 축합반응에 의해 아미노알도즈aminoaldoses와 아미노케톤aminoketones을 생성한다.
- 스트레커 감쇄반응strecker degradation: 아미노산과 알파-디카보닐α-dicarbonyl 사이에서 일어나는 반응으로 아미노케톤을 생성하고 이물질이 농축되어 질소 헤테로 고리 성분을 만들거나 포름알데히드formaldehyde와 반응해 옥사졸oxazoles을 생성하는 반응.

- 황아미노산의 분해: 시스틴cystine, 시스타인cysteine, 메티오닌methionine같은 황아미노산들은 환원당 또는 마이야르 반응의 중간 산물과 반응해 메르캅탄mercaptans과 티오펜thiophenes, 티아졸thiazoles 등으로 변환된다.

- 히드록시 아미노산hydroxy-amino acids의 분해: 세린serine, 스레오닌threonine과 같은 수산화 아미노산들은 당분과 반응이 가능해 대부분의 알킬피라진alkylpyrazine들을 생성한다.

- 프롤린proline과 히드록시프롤린hydroxyproline의 분해: 마이야르 반응의 중간산물과 반응해 프롤린은 피리딘, 파이롤pyrroles, 파일로리진pyrrolyzine을 생성하며 히드록시프롤린은 알킬alkyl-, 아실acyl- 프루프릴파이롤furfurylpyrroles을 생성한다.

- 트리고넬린의 감쇄반응degradation of trigonelline: 알킬피리딘alkyl-pyridines과 파이롤을 생성한다.

- 퀸산 일족의 감쇄반응: 페놀을 생성시킨다.

- 색소의 감쇄반응: 대부분 카르테노이드들.

- 소수의 지방 감쇄: 주로 디테르펜.

그 밖에 분해산물인 중간물질들 간의 반응은 대부분 밝혀진 것이 없다. 한 단어 한 단어 읽어 내려가기도 어려운 화학 반응과 반응의 산물들이 현재까지 밝혀진 커피 향 속 1,000가지 이상의 휘발성 성분을 이루는 집단이다. 이 성분들이 모여 커피 향을 이룬다고 생각하면 된다. 비단 커피에 국한되는 것이 아니고 식품의 향 속 휘발성 성분들은 크게 질소화합물, 피라진, 피리딘, 파이롤, 옥사졸, 퓨란furans, 알데히드와 케톤ketones, 페놀로 나뉜다. 각 성분 집단들이 어떤 향을 내는가 하는 것은 별 의미가 없다. 1,000가지 이상의 커피 향 가운데 우리가 좋은 향이나 나쁜 향으로 느끼는 성분은 30여 가지에 불과하다

이산화탄소

이산화탄소는 향기에 영향을 미치지 않는 휘발성 성분 중 가장 큰 부분을 차지하는 물질이다. 이산화탄소는 스트레커 감쇄반응과 열분해 과정에서 생성된다. 생성되는 양은 로스팅 단계에 의해 결정되며 많게는 커피 생두 1g당 10mg까지 생겨난다.

이산화탄소는 분쇄되지 않은 상태일 때는 천천히 방출되지만 일단 분쇄되면 빠른 속도로 방출된다. 분쇄 후 처음 5분 안에 총량의 45%가 날아간다고 보고되었다. 또 1시간 동안 1g당 이산화탄소 1.21ml, 산소0.002ml가 날아간다고 보고되었다. 분쇄입자의 크기가 작으면 작을수록 이산화탄소의 분출량이 많아지는데 이는 질량당 입자의 표면적이 늘어나기 때문이다 입자의 크기가 1000μm에서 500μm로 작아짐에 따라 가스 방출은 2배가 된다고 보고되었다. 따라서 로스팅한 뒤 밀폐용기에 포장하기까지는 2~8시간의 시간이 필요하다 그렇지 않으면 이산화탄소의 압력이 포장 용기를 터질 듯이 부풀게 만들거나 포장 용기 개봉 시 펑 하는 소음과 함께 열리게

된다.

　　이산화탄소는 에스프레소 추출 시 크레마를 형성하는 물리적인 역할 외에 맛과 향에 관계하는 역할이 없다 하지만 휘발성 성분과 함께 존재하므로 이산화탄소가 빠져나간다는 것은 커피 속 휘발성 향기도 많은 양이 함께 빠져나감을 의미한다. 따라서 압력이 걸린 질소나 이산화탄소를 포장 안에 주입하는 방법은 에스프레소 커피의 향미를 지속시키는 방편이 되기도 한다.

　　한편 이산화탄소에 의한 압력 외에, 갓 볶은 커피를 분쇄하면 커피 볶을 때 나오는 연기와 똑같은 하얀 연기가 날아가는 것을 볼 수 있다. 이것은 진짜 연기로, 이 커피를 바로 추출해서 마셔보면 우리가 숯이나 탄 물질을 먹었을 때 느끼는 연기 냄새를 커피에서도 맡을 수 있다. 볶은 커피를 분쇄해도 로스팅할 때 생성된 모든 연기를 날려 보낼 수는 없다. 따라서 로스팅 후 적어도 12시간 이상 가스를 내보내는 과정을 거쳐 마셔야 한다.

로스팅의 과학

　　가스크로마토그래피-올팩토매트리GCO 기술, 향기 추출물 희석 분석aroma extract dilution analysis, AEDA과 참애널리시스charmanalysis 같은 새로운 방법이 속속 개발되면서 다양한 향기 성분을 분리할 수 있게 되었다. 이로 인해 커피의 향기 성분의 비밀 역시 조금씩 밝혀지고 있다. [표 5]는 제멜로흐Semmeloch 등이 AEDA를 이용해 냄새의 최저임계농도odour threshold vlaue에 대한 농축비인 냄새활성값odour activity value, OAV을 기준으로 커피의 속 향을 감지할 수 있는 30가지 성분 중 상위 14가지의 주요 성분을 추린 것이다. 한편 데일블레어Deilbler, 애크리Acree와 라빈Lavin 등은 참애널래시스를 사용해 커피 추출액에서 30가지의 성분을 밝혀냈고 질량분석과 냄새활성값, 코바트Kovar의 보존지수retntion index를 참고로 이 중 18개의 성분이 향기에 관련되어 있음을 밝혀냈다.

여기서 커피를 연구하는 과학자들의 노력을 잠깐 살펴보고자 한다. [표 5]에 나온 수치들은 매우 간단히 표기되어 있지만 이는 실로 지난한 실험을 거쳐 나온 결과다. 실험은 몇 달에서 몇 년에 걸쳐 이루어지지만 항상 동일한 샘플을 사용해야 한다. 이 때문에 실험에 쓸 많은 양의 동일한 커피 샘플을 초저온에 얼려놓아야 한다.

샘플을 담은 바이얼vial: 밀폐된 샘플 병을 전처리 기구에 넣으면 온도가 올라가며 표면으로 휘발성 성분을 방출한다. 이때 주사기처럼 생긴 향기 흡착기능을 가진 섬유다발solid phase micro-extraction fiber이 바이얼 속 샘플 위의 휘발성 성분을 포집한다. 섬유다발은 가스크로마토그래피- 올팩토매트리에 주입되어 가늘고 긴 관을 통과하며 각 성분들이 모두 분리된다. 분자량이 적고 휘발성이 강한 성분들이 먼저 분리되어 관을 빠져나간다. 관의 맨 마지막 부분은 질량 분석기로 연결되며 동시에 또 다른 관을 통해 코로 향을 맡을 수 있다. 시간차를 두고 빠져나온 성분의 냄새가 코에 느껴지면 연구원은 스톱

[표 5] 아라비카 커피 속 향기 성분의 AEDA방법에 의한 냄새활성값odour activity value과 각 성분의 생성 기작

성분	냄새 활성값(OAV)	성분 생성 기작
(e)베타-다마시넌(e)-β-damascenone	2.7×105	카로틴 분해
2-프루프릴티올2-furfurylthiol	1.7×105	마이야르 반응
3-머캅토-3-메틸부틸포메이트3-mercapto-3-methybutylformate	3.7×104	마이야르 반응
5-에틸-4-히드록시-2-메틸-3(2h)-퓨라논		
5-ethyl-4-hydroxy-2-methyl-3(2h)-furanone	1.5×104	마이야르 반응
4-히드록시-2,5-디메틸-3(2h)-퓨라논	1.1×104	마이야르 반응
4-hydroxy-2,5-dimethyl-3(2h)-furanone	1.7×103	마이야르 반응
과이어콜guaiacol	1.1×103	마이야르 반응
4-비닐과이어콜4-vinylguaiacol	1.1×103	마이야르 반응
메티오날methional	1.6×102	마이야르 반응
2-에틸-3-디메틸피라진2-ethyl-3-dimethylpyrazine		
2,3-디메틸-5-메틸피라진2,3-dimethyl-5-methylpyrazine	95	마이야르 반응
3-히드록시-4,5-디메틸-2(5h)-퓨라논		
3-hydroxy-4,5-dimethyl-2(5h)-furanone	74	마이야르 반응
바닐린vanillin	48	페놀 분해
4-에틸과이어콜4-ethylguaiacol	32	페놀 분해
5-에틸-3-히드록시-4-메틸-2(5h)-퓨라논		
5-ethyl-3-hydoxy-4-methyl-2(5h)-furanone	21	마이야르 반응

위치를 눌러 시간을 기록한다.

또 스톱위치를 누른 순간 연구원은 본인이 느낀 냄새를 묘사하면 전 과정이 녹음된다. 분석에 걸리는 시간은 대략 30분 안쪽이다. 샘플을 주입할 때부터 끝날 때까지 휘발성 성분이 계속 나오기 때문에 연구원은 지속적으로 스톱위치를 누르고 냄새를 묘사해야 한다.

샘플에 4배 혹은 10배의 물을 넣어 희석해 똑같은 방식으로 이 과정을 반복한다. 후각은 금방 피로해지기 때문에 한 번 한 뒤에는 오랜 시간 쉬고 다시 실험해야 한다. 모든 성분이이 하나도 느껴지지 않을 때까지 계속 반복한다. 이렇게 얻은 결과가 최저임계농도이며 OAV를 얻기 위한 기준값이다. 최저 임계농도의 몇 배로 각 성

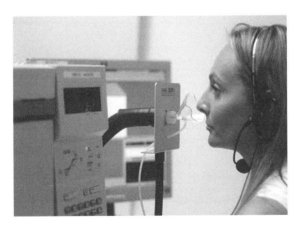

[그림 14] 가스크로마토그래피-올팩토메트리 GCO

분이 농축되어 있는지를 나타내는 OAV는 희석 배수를 역산해 얻는다. 이렇게 한 번의 실험이 끝나려면 준비 과정까지 1시간씩 걸리는데, 이런 실험을 10배 희석 비율은 수십 번, 4배 희석 비율을 적용하면 수백 번 해야 완성된다. 이후 똑같은 실험을 두 번 더 해서 오차 안에 드는 결과가 세 번 얻어지면 비로소 [표 5]와 같은 결과가 완성된다.

베타-다마시넌의 OAV가 27만인 데 비해 4-에틸과이어콜 4-ethyguaiacol은 32의 OAV를 지닌다는 것은 실험에 쓰인 커피 샘플 속에 베타-다마시넌이 임계농도에 비해 27만 배 더 들어 있다는 이야기고 4-에틸과이어콜은 임계농도에 비해 32배 들어 있다는 이야기다. 다시 말해 표의 하단에 있는 성분들은 물에 희석하면 곧 사라지는 성분들이지만 상단으로 갈수록 아무리 희석해도 사라지지 않는다는 것이다.

이러한 결과는 가스 크로마토그래프를 이용한 기기 분석의 기본 자료로 소중히 쓰인다. 관능검사官能檢查: 사람의 오감에 의해 식료품, 향료, 주류 따위의 품질을 평가하는 일에서 커피의 맛과 향이 좋다면 양positive의 수치를 부여하고 커피에서 이취가 심하게 날 때는 음negative의 수치를 부여한다. 커피를 가스크로마토그래프로 분석하면 어떤 성분이 좋은 향을 내고 어떤 성분이 이취의 원인인지를 수치에 의한 통계로 분석할 수 있게 된다. 데이터가 축적되면 나중에는 관능검사 없이도 커피의 좋고 나쁨을 기계가 스스로 분석할 수 있다. 또한 이 성분들이 실제로 커피 안에 얼마나 존재하는지를 밝혀내 이런 성분들을 실험에서 합성하면 인공으로 커피를 만들 수 있게 된다. 실제로 제멜로흐와 그로쉬Grosch는 아라비카와 로부스타 커피의 분쇄물과 이를 사용한 커피 추출액으로부터 이들 유효 향기 성분 질량을 분석해 커피 가루에서 향을 맡았을 때와 커피 가루를 사용해 추출한 커피가 향에서 차이가 나는 것은 주요 향기 성분의 농도 변화에 따른 것임을 밝혀냈다.

사람들의 감각을 이용한 관능검사는 비용이 많이 들고 결과의 정확도가 실험에 참가한 패널panel의 능력에 크게 의존한다. 커피 선진국은 이런 오차를 줄이고자 당장은 써먹을 수 없는 데이터라도 동일한 샘플의 관능검사 결과와 기기 분석 결과를 계속 축적하고 있다. 이러한 데이터가 일정한 오차 범위 안에 들어서 기기에 의한 분석과 관능검사 간의 차이가 없다고 판단이 되는 순간 데이터는 다음과 같은 힘을 발휘한다.

- 맛과 향이 좋은 커피가 지녀야 할 향 성분을 알 수 있다.
- 좋은 맛과 향을 커피를 생산하는 토양(토양 속 미네랄과 영양소)을 알 수 있다.
- 좋은 맛과 향을 지닌 커피가 자라난 생육 환경(온도, 습도, 일조량)를 알 수 있다.
- 한국인(또는 특정 국가)이 좋아하는 커피는 어떤 성분을 지니는지 알 수 있다.
- 추출 방법에 의한 맛과 향의 차이를 알 수 있다.

◗ 가장 효과적인 커피 보관 방식을 알 수 있다.

이처럼 우리가 커피로부터 알고 싶은 거의 모든 것을 기기 분석에 의한 결과만으로 쉽게 알 수 있게 된다. 그 결과 언젠가는 이들 데이터를 가지고 인공 커피를 만들 수 있는 날이 올 것이다.

8. 로스팅 방식의 진화

조리 기구와 조리 방식에 따라 같은 식재료라도 맛의 차이가 커지듯, 커피의 로스터와 방식 또한 다양하며 역사 속에서 계속 개선되어 왔다. 여기서는 커피 맛의 문제점을 어떻게 해결하고 개선해왔는지를 로스팅 방법의 변화를 통해 알아보고자 한다.

로스터의 발전은 크게 동력의 발명 전과 후로 나뉜다.

팬 로스팅

팬에 생두를 한 움큼 넣고 불 위에 얹어 나무주걱으로 휘저어주는 단순한 방법이 인류가 커피를 마시기 시작했을 때부터 18세기 원통형이나 구형의 로스터가 만들어지기 전까지, 커피를 볶는 곳 어디에서나 쓰이던 방식이다. 전기가 없던 시절 또는 에티오피아의 가정 등 지금도 전기가 공급되지 않는 지역에서는 아직도 이 방법을 사용하고 있다.

로스팅한 직후에 커피를 내려 마시면 로스팅 과정에서 생긴 연기의 냄새가 커피에서 미처 빠져나가지 못해 탄 음식을 먹을 때 느껴지는 숯 같은 맛이 난다. 이 때문에 에스프레소 추출 방식으로는 마실 수 없으며, 이 냄새를 없애는 나름의 추출 방식을 거친다.

에티오피아인들은 제베나jebena라고 부르는 진흙으로 빚은 도자기 포트에 물을 끓인 뒤 곱게 간 커피를 여기에 넣고 다시 한번 끓인다. 로스팅한 원두를 곱게 갈았을 때 1차로 냄새가 날아가고 커피 물이 끓는 과정에서 많은 양의 연기 냄새가 날아간다.

제아무리 현대화된 로스터로 커피를 볶아도 커피 속에 형성된 연기로 인한 냄새를 없앨 방법은 없다. 로스팅한 뒤 적어도 12시간 이상 지나야 냄새가 어느 정도 빠져 추출해서 마실 만한 수준이 되며, 48시간 이상 지나야 커피 속 연기 냄새가 빠지고 수용성 고형분, 커피 오일이 세포벽 내부에 자리 잡아 맛과 향이 안정된다.

팬 로스팅 따라 하기

팬 로스팅을 할 때는 연기가 많이 나고 원두가 1차로 부피가 부풀어 오르는 과정에서 커피와 분리된 실버 스킨이 타며 재와 같은 가루가 날아가 여기저기 붙기 때문에 실내에서는 하기 힘들다. 따라서 베란다나 옥상 등 실외에 장소가 있다면 휴대용 가스레인지와 프라이팬을 가지고 해보길 바란다. 특히 프라이팬은 낡은 것을 사용하자. 커피 오일이 타서 팬에 눌어붙으면 다른 용도로 사용하기 힘들어진다. 나무주걱 대신에 뚜껑이 있는 팬을 사용하면 실버 스킨 가루가 날아다니는 것을 방지할 수 있다. 한 손에는 뚜껑을 한 손에는 팬의 손잡이를 잡고 지속적으로 흔들어주면 커피도 골고루 볶이고 실버 스킨이 날아다니는 것도 방지할 수 있다. 가끔 뚜껑을 열어 색을 확인하면 된다. 탄 원두가 있는가 하면 덜 볶인 것도 나올 수밖에 없지만, 전체적인 색으로 로스팅 단계를 추정해야 한다.

실내에서 할 경우 연기는 환기 팬이 어느 정도 배출해주지만 한동안 주방에서 탄 내가 나는 것은 견뎌야 할 것이다.

화력 조절이 가능한 가스레인지라면 최종 로스팅 목표를 프렌치로 잡아 화력을 조절해 느리게도 볶아보는 등 여러 번 시험한 뒤 맛이 가장 좋은 것의 시간과 불의 세기를 기억해두자. 로스팅 횟수가 늘어가면 갈수록 커피도 좀 더 균일하게 볶이고 시간도 정확히 맞출 수 있게 될 것이다. 약간의 팁을 제공하자면, 미국 스페셜티커피협회에서 시음할 때는 로스팅에 8~12분을 소요하니 이를 참고해보기 바란다.

커피의 색뿐만 아니라 커피의 부피가 커지면서 나는 크래킹의 소리도 주의 깊게 들어야 한다. 1차 크랙이 팝콘 튀는 소리처럼 탁탁 하는 소리라면 2차 크랙은 지글지글 기름이 끓는 소리가 난다. 팬 로스팅에서 지글거리는 소리가 들릴 때까지 볶으면 너무 강하게 볶은 것이니 주의하자.

커피는 로스팅한 뒤 빠르게 식히는 것이 중요하다. 가정에는 커피를 식히는 기구가 마련되어 있지 않으므로 바로 채나 쇠망 등에 걸러 흔들어주며 식혀야 한다. 빨리 식히지 않으면 잠열 때문에 목표했던 로스팅 단계보다 더 진행된다. 원하는 로스팅 단계 보다 약

[그림 15] 실내에서의 팬 로스팅

간 덜 됐다 싶을 때 볶는 것을 멈추는 것도 요령이다. 선풍기 등으로
도 식히려 하다가는 실버 스킨 재가 온 집 안에 날아다닐 수 있으니
주의하자. 어떤 방식으로 볶든 간에 커피는 빨리 식히는 것이 아주
중요하다는 사실을 명심하자. 실외라면 선풍기를 틀어놓고 체에 옮
긴 원두를 주걱으로 저어주며 식히면 좋다.

야외 팬 로스팅 커피와 캠핑을 좋아하는 사람이라면, 현장에 생두를 챙겨 가서 직접 로
스팅해서 마셔보는 것도 좋은 경험이 될 것이다. 식품이 들었던 캔을 씻어 말린 뒤 생두를
넣어 나뭇가지 등으로 잘 저어가면서 커피를 볶아보자. 모닥불에 볶을 경우 화력이 좋을
때는 위험하기 때문에 불이 적당히 사그라져 숯이 된 타이밍에 볶는 것이 좋다. 볶는 방
법은 팬 로스팅과 같으며, 적당히 볶아지면 큰 그릇으로 빨리 옮겨 부채질로 식힌다. 분쇄
기가 없을 경우 포일에 싸서 자갈로 분쇄하는 것도 방법이다.

쇠망 로스팅 커피 로스팅 전용으로 나온 쇠망steel mesh도 있다. 쇠로 만든 체에 뚜껑과 손잡이가 있다고 생각하면 된다. 원시적으로 보이긴 하지만 그물식 철망의 생산은 비교적 근자에 이루어졌으므로 커피 로스팅 발전의 역사에서 보면 비교적 중후반 단계의 로스팅 방식이다. 열을 가둘 수 있는 구조가 아니기에 불의 세기는 거리로 조절한다. 체눈mesh 간격이 넓으면 그사이로 실버 스킨 재가 날리기 때문에 체눈이 더 촘촘한 망을 덧대 사용하는 경우도 있다.

[그림 16]
커피 로스팅용 쇠망

원통형, 구형 로스터의 출현

전기가 발명되기 전 팬 로스팅은 숯불을 이용하는 작은 화구의 중동 지방에서는 이상적인 형태였지만 화구가 큰 유럽의 조리용 화덕에는 맞지 않았다. 이 때문에 18세기에는 원통형 기구에 회전축을 달아 커피를 넣고 불 위에서 회전축을 돌리는 식의 로스터가 개발되었다. 이 관에 구멍을 뚫어 열이 더 잘 전달되도록 만들었다. 한편 19세기에 들어서는 커피가 섞이기 더 쉽도록 구형의 로스터가 개발되었다.

원통형 로스터는 회전이 가능해 커피를 더 고르게 볶을 수 있고 팬 위로 날아가는 열기를 가두어 에너지 효율적인 로스팅이 가능했다. 하지만 열기를 가둘 때 연기도 함께 가두었다. 연기의 배출은 커피의 맛에 큰 영향을 미치기 때문에 당시 커피 맛에 대해서

[그림 17] 18세기 중반의 커피 원통형의 밀폐식 로스터

는 의문이 든다. 또 19세기의 로스터에는 로스팅이 끝난 커피를 식히는 기능이 없었다. 많은 양의 커피를 볶는 곳에서는 커피를 나무로 만든 커다란 함지박에 쏟아부은 뒤에 찬물을 부어 커피를 식혔다. 이 때문에 당시 커피 공장은 로스팅으로 인한 연기와 물을 부어 생기는 수증기가 뒤섞여 앞을 못 볼 지경이었다고 한다.

19세기 후반에 이르러 로스터 내부에 날개를 넣어 커피 섞는 기술이 개발되었다. 또 산업혁명을 맞아 전기모터로 축을 돌리고 가스를 열원으로 사용하는 등 현대의 로스터와 같은 사양을 갖춘 로스터가 등장했다.

커피에서 수분이 모두 날아가고 실질적인 로스팅 단계에 들어서면 연기가 많이 나기 시작한다. 통 내부의 열기를 떨어뜨리지 않고 이 연기를 배출하는 것이 로스팅의 관건이다. 연기 배출과 내부 온도 간에 균형을 맞추기 위해 배기 파이프 중간에 댐퍼damper를 장치했다. 현대에 와서는 모터에 의한 강제 배기가 보편적 방식이 되었지만, 18세기부터 19세기 중반까지 100년 넘는 세월을 밀폐식 또는 자연 배기 로스터를 사용했다는 기록을 볼 때 기술의 혁신이 얼마나 어려운 일인가 하는 생각이 든다.

근대의 로스팅 기기와 로스팅 방식

1884년 독일의 반 귈펜Van Gülpen이 마침내 커피 로스터의 내부 연기를 외부로 강제 배출하는 기술적 진전을 이뤄냈다. 반 귈펜은 이후 에머리히 기계 제작소Emmerich Machine Factory를 설립해 운영했는데, 이는 프로밧Probat이란 이름으로 널리 알려졌다.

1889~1892년에 독일에서 칼 살로몬Carl Salomon이 마침내 현대식 로스터의 원형이 되는 모델을 고안해낸다. 바로 로스터 내부로 뜨거운 열기를 불어넣는 시스템이다. 이전까지 로스터 안의 콩들은 뜨겁게 달구어진 통 표면에서 열을 전달받기 때문에 빨리 돌면 원심력에 의해 통 내부 벽에 붙어 타버리고 느리게 돌면 생두의 무게에 의해 통 밑에만 몰리게 되어 균일한 로스팅이 힘들었다. 이런 문제를 살로몬이 통 자체를 가열하지 않고 열기를 콩에 바로 전달하는 방법을 고안해냄으로써 해결한 것이다.

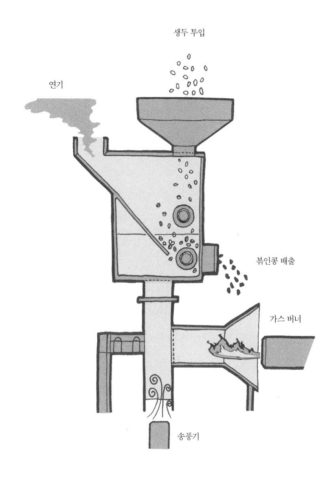

생두 투입

연기

볶인콩 배출

가스 버너

송풍기

[그림 18] 열풍을 불어넣는 방식의 로스터

열원의 변화

커피가 담긴 통을 직접 가열하는 밀폐식 로스터는 열원의 종류가 크게 중요하지 않았다. 열원에서 오는 냄새가 커피에 영향을 줄 수 없기 때문이었다 따라서 값싼 석탄이나 석유 등을 사용했다. 그러던 중에 열원이 가스로 바뀌는 계기가 된 발명이 이루어졌다. 산업혁명을 유발한 증기기관의 출현으로 팬을 동력으로 돌릴 수 있게 되자 살로몬은 팬을 이용해 가스버너의 열기를 통 안으로 들어가게 하고 통 안에서 발생된 연기 또한 팬을 이용해 배출시키는 기술을 개발했다. 다시 말해 열기가 들어가고 배기가스는 빠져나가는 열풍식 로스터를 발명한 것이다. 이로써 커피가 통 자체의 열기에 의해 타지 않고, 연기 냄새가 덜 나게 볶을 수 있게 되었다. 또한 열기가 로스터 내부를 통과하기 때문에 석탄이나 석유 등의 냄새가 커피에 직접 영향을 미치게 되었다. 이것이 로스터에 가스를 사용하는 것이 일반화되는 계기가 되었다.

한편 열원에 따라 커피의 맛이 변한다는 점에 착안해 질 좋은 나무를 열원으로 사용하는 방식이, 드물지만 여전히 사용되고 있기도 하다. 바비큐할 때 나무에서 올라오는 훈연취smoky flavor가 고기에 배는데, 커피에도 같은 원리로 훈연취가 배게 하는 방식이다.

드럼 로스터

드럼 로스터drum roaster는 말 그대로 커피를 통drum에 넣고 로스팅하는 방식으로, 소형부터 100kg 이상의 대형 로스터까지 현재

[그림 19] 날개를 부착한 드럼 내부

가장 폭넓게 사용되는 로스터다. 모양은 같지만 열이 커피콩에 직접 닿는 직화식, 모터에 의해 열이 통 안을 통과하게 대류시키는 열풍식 로스터가 있다. 이외에 소형의 전기 로스터, 커피콩이 로스터에 닿지 않게 열풍으로 커피를 공중에 띄우는 로스터 등 다양한 로스터로 발전되어 왔다.

연속 커피 로스터

최신 연속식 로스터는 열풍으로 커피를 띄우고 여러 개의 칸으로 구분한 각 칸에서 커피가 로스팅되며, 단계에 따라 옆 칸으로 이동해 마지막 칸에서 로스팅이 완료된 커피가 배출된다. 수분이 많

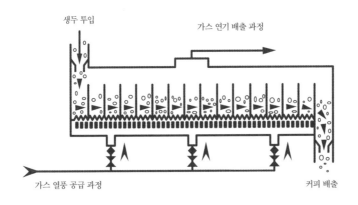

[그림 20] 칸칸이 나누어진 독립된 방을 문을 통해 이동하며
로스팅하는 연속식 로스터

은 초기 단계에는 센 화력을 이용하고 이후에는 화력을 줄이는 등 칸마다 열을 조절할 수 있어 로스팅의 질이 대단히 정확하고 효율적이다.

최근의 로스터들은 화력을 컴퓨터로 제어할 수 있어 더욱 정확한 품질의 로스팅을 기대할 수 있도록 개선되었다.

9. 커피의 블렌딩

세계 최초의 블렌딩 커피는 그 유명한 모카자바Mocha-Java다. 예멘의 모카는 특유의 향과 단맛, 신맛으로 유명하지만 바디감이 부족하다. 이 부분을 메우기 위해 바디감이 풍부한 자바커피와 블렌딩한 것이다.

커피는 단일 품종으로도 각각 훌륭한 맛을 내지만, 여러 커피를 섞음으로써 한 가지 커피가 갖지 못한 맛을 보완할 수 있다. 이를 통해 맛의 상승효과를 내고자 한 노력이 블렌딩 커피를 만들어냈다. 블렌딩은 그 밖에도 다양한 이유로 진행되고 있다.

첫째, 품질을 유지하기 위함이다. 날씨 등의 영향을 많이 받는 커피는 품질이 매년 다르다. 하지만 다양한 커피를 블렌딩하게 되면 한 가지 커피의 품질이 떨어져도 다른 커피들이 이를 보완해준다. 커피 제조 역사가 오래된 회사일수록 브랜드의 품질을 유지하기 위해 10여 가지 이상 많은 종류의 커피를 섞는다. 이렇게 하면 한두 가지 커피의 품질이 떨어져도 품질의 변화는 미미해 소비자들이 맛의 변화를 느낄 수 없다.

둘째, 경제적 효과 때문이다. 커피는 가격 변동 폭이 크다. 특히 최근 몇 년간 브라질의 기후 변화로 인해 커피 농사 결과가 좋지 않자 커피 가격이 큰 폭으로 오르기도 했다. 이때 여러 대륙의 커피를 이용해 블렌딩하면 수요와 공급의 불균형에서 오는 가격 변동을 최소화할 수 있다.

셋째, 차별화를 목적으로 블렌딩을 시도하는 경우가 있다. 커피 제조기업을 비롯해 최근 소규모로 커피를 볶는 가게들까지도 고객의 취향을 맞추고 자신들의 상품을 브랜딩하기 위해 다양한 블렌딩을 시도하고 있다.

고가의 커피 한 종류를 볶은 맛이 다른 커피를 블렌딩한 커피보다 월등하다면 한 종류의 커피만 마시는 편이 좋다. 요즘은 값비싼 COE 커피들도 비용과 노력을 들인다면 얼마든지 구할 수 있는 세상이 되었다. 2013년 혜성처럼 나타난 파나마 게이샤 커피를 비롯한 COE 커피들과 전통적으로 유명한 자메이카 블루마운틴, 하와이언 코나, 쿠바나 도미니카의 고급 커피는 당연히 단품으로 맛봐야 한다.

주머니 사정이 넉넉하지 않다면 이런 맛있는 커피들을 포기해야 할까? 그렇지 않다. 블렌딩으로 내 입맛에 딱 맞는 커피를 개발한다면 그것이 가장 좋은 방법이다.

단품 커피를 제외한 블렌딩 커피를 생두 가격과 이에 따른 품질을 고려해 세 가지로 나눈다면 대체로 다음과 같다.

클래스 A) 100% 아라비카 커피 블렌드(콜롬비아 엑셀소 포함, 브라질 NY2 제외)
클래스 B) 가격과 품질에서 타협한 블렌딩(클래스 A에 브라질

NY2 포함)

클래스 C) 품질을 고려하지 않은 저렴한 가격의 블렌딩(브라질의 저품질 아라비카 및 로부스타를 포함)

브라질 커피와 로부스타를 사용하느냐의 여부에 따라 커피의 가격 차가 크며, 맛과 향의 차이도 커진다. 클래스 A, B, C 안에

파나마 에스메랄다 게이샤 2015년 1kg에 무려 28만 원의 가격에 판매된 최근 가장 화제의 커피다.

이 커피는 피터슨Peterson 가에 의해 세상에 등장했다. 캘리포니아의 은행가였던 루돌프 A. 피터슨Rudolph A. Peterson, 1904~2003은 은퇴 후 생활을 위해 파나마의 하시엔다 라 에스메랄다Hacienda La Esmeralda에 7km²의 땅을 구입한다. 하지만 곧바로 뱅크 오브 아메리카Bank of America의 수장이 되었으며, 이후 미 국토개발부 장관에 취임하면서 파나마의 농장은 아들 프라이스 피터슨Price Peterson이 관리하게 된다. 1996년 프라이스는 농장 부근 에스메랄다 자라밀로의 땅을 매입하는데 2004년에 그의 아들 대니얼 피터슨Daniel Peterson이 이 땅에서 그 유명한 에스메랄다의 특별한 커피나무 게이샤 품종을 발견한다. 이 나무에서 수확한 커피가 2006년 파나마 커피 경연에서 금상을 차지한 뒤 커피 경매에서 세계 최고가를 여러 번 경신하면서 화제의 커피가 된다.

대다수의 커피 재배 가구는 가난한 농민들이 조금씩 수확한 커피를 모아 정부 수매 기관이나 수출업자에게 판매한다. 이렇게 모인 커피가 커피 수입 상사 등 큰손에 판매되는 구조다. 즉 구매자가 판매자보다 힘 있는 구조다. 하지만 소규모 COE 경매는 그렇지 않다. 파나마 에스메랄다 게이샤는 연간 생산이 10톤이 채 되지 않으며, 판매자가 직접 거래하기 때문에 그 수요는 갈수록 늘고 있어 가격이 지속적으로 상승하고 있다.

서도 생두에 얼마나 투자하느냐에 따라 품질이나 가격 차이가 많이 날 수 있다. A를 시작으로 단계별로 약 20% 이상 가격 하락 요인이 생긴다.

블렌딩 방법

커피를 블렌딩하려면 먼저 각 커피 특성을 정확히 파악해야 한다. 로스팅 단계별로 연하게, 중간, 강하게 볶았을 때의 맛과 향을 알아야 하고 로스팅한 뒤 시간에 따라 맛과 향이 변화되는 과정을 모니터해야 한다. 2~3주 이상 마셔봐서 싫증이 나는 커피도 안 된다.

장점이 많고 단점은 거의 없으며, 아무리 마셔도 질리지 않는 커피가 좋은 커피로, 가격도 높다. 하지만 자메이카 블루마운틴, 하와이언 코나, 쿠바나 도미니카의 질 높은 커피들이라고 해서 눈이 휘둥그레지게 맛있는 것은 아니다. 대신 이런 좋은 커피들은 이취에 의한 단점을 찾아보기 어렵다. 이취가 없는 커피는 커피의 맛과 향을 도드라지게 한다. 따라서 계속 마시고 싶고 점점 진한 농도로 마시고 싶어진다.

맛과 향에서 높은 평가를 받는 케냐와 탄자니아 커피는 오래 마시다 보면 커피를 마시고 난 후 느끼는 애프터 테이스트after taste의 신맛이 강해서 며칠씩 편하게 마시기 쉽지 않다. 모카커피는 꽃 향이나 과일 향이 좋은 커피이지만 강하게 볶지 않으면 바디감이 전혀 없으며, 수마트라나 토라자는 바디감이 있지만 특유의 부엽토와 곰팡내도 느껴진다. 콜롬비아 수프레모, 코스타리카 타라주, 과테말라 SHB, 멕시코 커피는 이취가 심하지 않아 완벽해 보이지만 커피가 가진 새콤한 맛도, 바디감도 최상급 커피에 비해 조금씩 부족하고 특징적 향이 없어 한 가지만으로는 매력 없는 커피다. 하지만 이들 커피가 다른 커피를 만나면 상대 커피의 단점을 보완해주는 큰 역할을 한다.

이처럼 커피는 모두 장단점이 있기 때문에 각 커피의 단점을 보완해줄 커피를 찾아야 한다. 완벽한 파트너를 찾게 되면 많은 돈을 투자하지 않고도 최상의 커피를 맛볼 수 있다. 그렇다면 훌륭한 파트너를 찾은 뒤에는 어떻게 해야 할까? 생두를 먼저 섞은 뒤에 로스팅할 것인가, 로스팅한 뒤에 블렌딩해야 할까?

정답은 그때그때 다르다. 커피의 수분 함량과 딱딱한 정도, 생두의 크기를 비교해 이 조건들이 비슷하다면 굳이 따로 볶을 필요는 없다. 고급 아라비카 커피는 대부분 수분 함량이 거의 비슷하며, 잘 여물어 단단한 커피라는 공통점이 있다. 이 커피들을 브라질같이 무른 커피나 로부스타같이 아예 품종이 다른 커피들과 한꺼번에 넣고 볶는 것은 바람직하지 못하다. 이럴 때는 아라비카 품종들은 함께 볶고 브라질이나 로부스타는 따로 볶아 나중에 섞는 편이 낫다. 생두일 때 섞어 같이 로스팅해야 할지 여부는 몇 번만 해보면 바로 깨닫게 된다. 함께 로스팅해도 되는 커피들은 볶은 뒤 색상이 균일하고 크기도 별 차이가 없는 반면에 볶은 후 색상과 크기가 눈에 띄게 차이가 난다면 이들 커피는 따로 볶아 나중에 섞어야 한다.

로스팅 단계를 일부러 다르게 해서 섞는 커피를 멜란지 melange 커피라고 하며, 주로 드리퍼 추출용으로 만든다. 케냐나 탄자니아는 신맛을 살리기 위해 시티 정도로 볶고 콜롬비아나 브라질은 풀시티로, 멕시코나 기타 중앙아메리카 커피는 프렌치로 볶아서 섞으면 신맛과 바디감과 탄 맛이 모두 느껴지는 커피를 얻을 수 있다.

10. 커피의 구조와 분쇄

로스팅과 추출을 이해하기 위해서는 커피의 구조를 실제 눈으로 보는 것이 가장 큰 도움이 된다. 이러한 중요성 때문에 윌리엄 유커스William Ukers는 1922년판 《커피의 모든 것All About Coffee》에서 커피의 구조를 200배 확대 현미경 사진으로 공개했다.

현대에 들어와 주사전자현미경scanning electron microscope, SEM의 해상도는 유커스의 그것과는 비교도 되지 않을 만큼 정교해 생두로 시작해 로스팅의 중간 단계와 로스팅을 마친 단계의 세포 내부 구조를 생생하게 보여준다. 그뿐만 아니라 투과전자현미경transmission electron microscope, TEM의 더욱 고배율의 이미지는 SEM으로 얻은 커피 세포 내부뿐만 아니라 세포벽에 존재하는 원형질 연락사의 통로 plasmodesmata channel, 플라스모데스마타 관가 커피가 로스팅되면서 속이 빈 관으로 변해 커피 내부에 생긴 커피 오일을 밖으로 밀어내는 통로 역할을 하고 있음을 생생하게 보여준다.

최근의 커피 구조는 2000년 4월 〈식품과학 저널Journal of food science〉 65호에 게재된 S. 셴커S. Schenker의 논문 '로스팅 조건에 따른 커피 세포 구조Pore Structure of Coffee Beans Affected by Roasting Conditions'에 실린 커피 사진들을 살펴보면 잘 이해할 수 있다. 사진들은 초저온전자현미경Cryo SEM으로 촬영한 것들이다.

초기의 현미경에 의한 커피 구조

생두의 세로 절단면. 백색에 가까운 세포벽에 둘러싸인 세포질을 볼 수 있다.

생두의 가로 절단면

생두 대각선 절단면. 작은 오일 방울들이 오른쪽의 로스팅한 커피에서보다 더 두드러진다.

로스팅한 커피 대각선 절단면. 로스팅 과정을 통해 부피가 크게 팽창해도 세포벽이 터지지 않고 형태를 유지하고 있다.

생두 절단면(현미경 부착 카메라 루시다Lucida로 촬영 후 140배 확대). 세포의 크기와 형태뿐만 아니라 세포 내부에 있는 오일이 잘 보인다.

로스팅한 원두 절단면(현미경 부착 카메라 루시다로 촬영 후 140배 확대). 오일이 잘 보이지 않는다. 1922년 당시에는 해상도가 떨어져 오일이 사라졌다고 생각했다. 하지만 현대에 와서 전자현미경을 통해 본 결과 더 많은 오일이 세포벽에 아주 작은 방울 상태로 붙어 있음이 확인되었다.

현대의 전자현미경에 의한 커피 구조

주사전자현미경으로 촬영한 생두(축척= 10μm). 생두를 구성하는 가장 많은 성분인 탄수화물(약 60%) 외 클로로겐산, 아미노산들, 지방, 카페인 등 여러 성분을 지닌 생두를 이루는 구성체들과 작은 기공으로 이루어져 있다. 기공이 대단히 작은 상태다.

커피를 볶는 중에 변화를 촬영한 이미지(축척= 10μm). 로스팅이 완료된 상태는 아니다. 생두 사진보다 커피의 기공은 커지고 세포벽의 두께는 줄어들어 있음을 볼 수 있다. 축척을 기준으로 보면 기공 하나의 크기는 지름 40~60μm로, 구형이 아닌 찌그러진 형태를 보인다.

로스팅이 끝난 원두 내부 이미지(실제 사이즈= 137μm). 초저온전자현미경 사진이다. 위쪽 두 사진보다 확대 배율이 조금 낮다. 볶는 과정의 위쪽 사진보다 세포벽이 훨씬 얇아지고 기공은 더 커진 것을 볼 수 있다.

중간 단계로 로스팅한 커피의 세포벽의 TEM 이미지(실제 사이즈 = 9.06μm). 사진 중앙의 가로선은 중간박막middle lamella으로 두 개의 인접한 세포의 세포질과 두꺼운 세포벽 사이에 위치한다. 중간박막과 수직인 선은 세포벽을 통과하는 변형된 원형질 연락사의 일부다.

커피의 구조와 로스팅

앞서 현미경으로 살펴본 커피의 구조는 생두를 가지고 로스팅을 하는 중간 단계와 로스팅을 마친 상태의 커피 속 변화와 함께 세포벽에 붙어 있는 수용성 고형분과 커피 오일의 모습을 잘 보여준다. 또 커피 오일이 이동하는 과정도 볼 수 있다.

갓 볶은 커피의 표면은 진한 갈색이고 광택 없이 탁하다. 하지만 볶은 지 하루 지난 커피의 표면에는 아주 작은 오일 방울이 표면으로 밀려 나오며 3~4일이 지나면 커피 표면은 기름으로 덮여 매우 매끄러워진다. 이 오일은 로스팅 단계에 따라 다르지만 시티 로스트를 기준으로 대략 20일까지 계속해서 밖으로 밀려나며, 이후에는 산패를 거쳐 최종적으로 증발한다. 그러면 원두의 표면은 다시 탁해진다. 이 오일을 커피 속으로부터 올라올 수 있게 하는 통로가 원형질 연락사의 구멍이다. 커피가 씨앗의 역할을 지니고 있을 때 원형질 연락사는 씨앗의 각 부분에 명령을 내리는 통신 기관이다. 전화나 컴퓨터의 케이블 같은 역할이라고 생각하면 된다. 이 케이블을 통해 적절한 수분과 온도를 만나면 어느 부분은 싹을 틔우고 어느 부분은 뿌리를 내리며, 양분을 이동시켜 줄기를 크게 만들고 뿌리를 자라게 만든다. 작은 커피콩 속에서 조물주의 오묘한 이치를 느끼게 해주는 것이 바로 원형질 연락사라고 할 수 있다. 하지만 씨앗의 역할이 사라지고 로스팅을 거치면서 이 케이블은 속이 빈 관으로 변한다. 그리고 커피를 볶을 때 생긴 이산화탄소의 압력으로 인해 이 관을 통해 커피 오일이 표면으로 밀려나오는 것이다.

커피의 구조로 본 추출

[그림 21]은 니콜 오타와Nicole Ottawa, 독일가 촬영한 커피 사진으로, 로스팅한 커피의 세포 내부를 잘 보여준다. 이 사진은 로열 포토그래피 소사이어티Royal Photographic Society에 의해 선정되어 2013년 국제 과학 사진 전시회International Images for Science Exhibition에 출품되기도 했다. 짙은 색의 경계선 같은 부분이 세포벽이며, 세포벽을 따라 붙어 있는 불규칙한 모양의 옅은 색이 혀로 느끼는 커피 맛을 책임지는 수용성 고형분이다. 그 수용성 고형분 위에 방울 형태로 붙어 있는 것이 커피 오일이다.

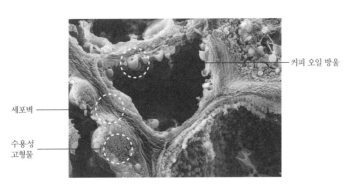

[그림 21] 커피 세포의 내부 사진

커피의 추출은 맛을 책임지는 부분인 수용성 고형분과 향을 책임지는 커피 오일은 될 수 있는 한 많이 추출하되, 목초액과 같은 성분을 지닌 세포벽의 성분은 추출된 커피에 녹아들어가지 않게 하는 것이 기본이다.

고배율 현미경으로 촬영한 커피의 단면 이미지를 보면 우리가 커피를 추출하기에 앞서 분쇄 과정을 거칠 때 추출 방식에 따라 분쇄도를 달리해야 하는 이유를 이해하는 데 큰 도움을 준다.

에스프레소 커피의 추출은 한마디로 압출extrude이다. 높은 압력이 걸린 빠른 물줄기가 커피 표면의 수용성 고형분을 녹여서 씻어내고 압력에 의해 커피 오일은 녹은 수용성 고형분과 같이 밀려나와 에멀전화emulsification: 유화되어 컵을 채운다. 물줄기가 표면을 훑고 지나가야 하므로 에스프레소 추출에서 커피의 입자가 커서는 안 된다. 반면에 필터 드립 방식의 추출은 침출soak-out 방식이므로 분쇄 입자가 너무 작으면 종이 필터의 구멍을 막아 추출이 늦어지고 세포벽을 구성하는 섬유질의 탄 맛을 많이 추출하게 된다. 보통의 경우 700~3,000μm, 즉 0.7mm부터 큰 것은 3mm 크기의 드립용 커피를 분쇄한다고 하면 분쇄된 커피 입자 한 개에 수백 개에서 수만 개의 커피 세포가 존재하며, 추출하는 물은 수백~수만 개의 세포가 만든 미세한 기공 사이로 스며들어 세포벽에 붙어 있는 수용성 고형분과 커피 오일을 녹이고 필터 사이를 통과한다. 여기까지 수 분의 시간이 필요하다.

에스프레소 방식은 뜨거운 물이 강한 압력을 받아 분쇄된 커피 입자를 아주 빠른 속도로 지나가며 수용성 고형분과 커피 오일을 녹여서 밀어낸다. 반면에 필터 드립 방식의 경우 수용성 고형분은 쉽게 녹지만 커피 오일은 추출하는 물의 온도에 의해 휘발하려는 에너지를 얻게 되어 물에 녹아들기보다는 공기 중으로 날아가는 양이 많아진다. 간신히 녹아들어 간 커피 오일마저도 종이 필터에 흡착되어 결국 커피에 포함된 커피 오일, 즉 향은 아주 적다. 반면에 커피를 추출하는 공간은 커피 향으로 가득 차게 된다.

커피의 분쇄

로스팅한 원두를 그대로 20분쯤 끓이면 어떤 결과가 나올까? 맹물이 약간 누런색으로 바뀐 정도로, 정말 신기하게도 아무것도 우러나지 않는다. 이는 커피 표면이 물이 침투할 수 없는 대단히 치밀한 구조로 되어 있기 때문이다. 커피 표면의 구멍은 지름이 0.1µm가 안 될 만큼 작으니 물이 침투해서 내부에 생성된 커피 고형분을 녹일 수가 없다. 따라서 커피는 갈아야 맛을 볼 수 있다. 전체 입자를 더 작은 입자로 줄이는 모든 과정을 분쇄grinding라고 하며, 여기에는 다양한 도구와 방법이 있다.

분쇄도구, 즉 그라인더를 알아보기 전에 먼저 커피 입자의 크기를 어느 정도로 분쇄해야 적당할지 알아보겠다.

각 추출 기구마다 분쇄도가 다르며, 추출 시간도 달라진다.

예를 들어 커피 플런저coffee plunger: 프렌치 프레스는 거름망이 철망wire mesh으로 되어 있기 때문에 너무 곱게 갈면 철망의 틈새로 커피 가루가 많이 통과된다. 커피 맛이 텁텁해지는 원인이다. 그래서 커피 입자가 커야 하며, 이런 특성으로 인해 물이 커피 입자 내부로 침투해 내부의 커피 고형분을 녹이는 데 상당한 시간(4분 이상)이 필요하다. 여기서 최종 커피 추출 시간은 내리는 사람이 결정하게 되는데 커피 가루가 물에 좀 섞여도 진하게 마시고 싶으면 약간 곱게 갈아 1~2분 이내의 짧은 시간에 추출하면 되고 입자감이 느껴지는 게 싫으면 굵게 갈아 좀 더 오래 기다렸다가 마시면 된다.

그라인더의 역사와 종류

커피를 마시기 시작했던 초기에는 주로 절구를 사용했다. 우수한 성능의 그라인더가 발명되기까지 대부분의 사람들은 절구가

[그림 22] 절구와 절굿공이를 이용한 커피 분쇄

훨씬 효율적이며 입자의 크기를 더 잘 조절할 수 있다고 여겼다.

최초의 그라인더는 향신료용으로 15세기 터키 또는 페르시아인에 의해 발명되었다고 알려져 있다. 터키인의 커피 사랑은 대단해서 그들은 이 그라인더를 커피용으로도 사용했다. 이 그라인더는 놀랍도록 정교하게 만들어졌으며, 현재까지도 전 세계에 판매되고 있다. 우리가 식탁에서 볼 수 있는 후추 그라인더가 그것이다.

현대의 그라인더는 크게 칼날과 맷돌로 나눠진다. 그라인더의 종류와 그 특징을 알아보자.

블레이드 그라인더

그라인더 안의 날blade이 모터 축에 붙어 빠르게 회전하며 원두를 부수는 방식이다. 거칠게 부수어진 입자와 곱게 분쇄된 입자가 동시에 존재할 수밖에 없는 구조로, 전기의 힘으로 편하게 분쇄할 수 있는 반면 입자가 고른 커피를

[그림 23] 칼날로 분쇄하는 그라인더

기대할 수는 없다. 그라인더 본체를 들고 칵테일 믹서 흔들듯이 분쇄하면 그나마 단시간에 고르게 분쇄할 수 있다. 최저가의 수동식 그라인더보다도 저렴한 2만 원대의 가격과 빠른 분쇄 시간까지 고려한다면 값비싼 버burr, 맷돌 그라인더가 부담되는 이들에게 훌륭한 선택일 수 있다.

에스프레소 머신, 모카포트, 에어로프레스와 같이 곱고 균질한 분쇄를 요구하는 추출 기구가 아니라면 충분히 사용할 수 있다. 커피 전용 블레이드 그라인더가 없다면 대체품으로 집에 있는 믹서를 사용할 수 있다. 깨나 견과류 등을 갈 때 주로 사용하는 것으로, 일자 형태로 된 날의 양끝이 살짝 접힌 믹서가 있다면 커피도 갈 수 있다.

버 그라인더

원두가 쇠로 만든 막대기 같은 보조 그라인더에서 먼저 거칠게 부서진 후, 원심력에 의해 그라인더 속으로 들어가면 모터 축에 붙어 돌아가는 톱날과 고정형 톱날 사이에서 곱게 갈려 밖으로 밀려나오는 구조다.

크게 원추형conical의 톱날과 평판형flat 톱날의 두 가지가 있으며, 원추형 톱날은 커피가 밑으로 바로 떨어지므로 이런 구조를 필요로 하는 자동 에스프레소 머신 등에 많이 쓰인다. 또 평판형 톱날 그라인더는 분쇄 전용 그라인더에 주로 적용된다. 입자의 크기가 균

[그림 24] 원추형과 평판형 버 그라인더

일하고 분쇄 시간도 빠르며 사용되는 목적에 따라 톱날의 크기를 작거나 크게 만들 수 있는 가장 진보된 형태의 그라인더다.

수동식 그라인더

수동 그라인더mill는 버 그라인더와 마찬가지 원리이며, 손잡이에 의해 돌아가는 원추형 톱날과 원추형으로 파인 고정형 톱날이 물려 그 사이로 커피가 밀려들어가면서 분쇄되어 밑으로 떨어지는 구조다. 톱날 사이의 간격을 조절해서 분쇄도를 바꿀 수 있다.

수동형 그라인더를 선택할 때 중요한 기준은 톱날이 정교하게 날이 서 있는지 아니면 주물로 된 엉성한 톱날인지 확인해야 한다. 하지만 아쉽게도 해체해야만 톱날을 볼 수 있기 때문에 평판이 좋은 제품을 사는 수밖에 없다. 고가의 독일제 수동식 그라인더는

[그림 25] 수동 커피 그라인더

원추형의 아주 단단한 쇠를 가공해서 날을 세우기 때문에 커피를 갈 때 힘들지 않고 빠른 시간 안에 갈 수 있다.

추출 방식에 따른 분쇄도

앞서 말한 그라인더 외에도 산업용으로 사용되는 날이 빽빽이 붙어 고속으로 돌아가는 원통형roller type 그라인더가 있으며, 1시간에 에스프레소용의 미세한 입자를 1.8톤까지 분쇄할 수 있는 그라인더도 있다.

커피 가루의 크기는 추출 방식에 따라 다르게 해야 각 기구별로 가장 맛있는 커피를 내릴 수 있다. 적당한 분쇄도를 [그림 26]에 소개하고 있다. 에스프레소와 터키 커피를 제외하고는 구간으로 나타나 있으니 눈여겨보기 바란다. 에스프레소 방식은 에스프레소 한 잔(28~42ml)을 받는 시간이 25~32초가 걸리도록 분쇄도를 조정하는 것이 최고의 맛을 제공한다. 이런 맛을 제공하는 분쇄의 포인트는 정확히 한 포인트다. 대략적인 것이 아니다. 전자동 에스프레소 머신을 처음 설치하면 이 분쇄 포인트를 맞추기 위해 수십 번 반복해서 맛과 향이 최상이 되는 포인트를 잡아내야 한다. 터키 커피역시 마찬가지다.

반면에 다른 커피 추출 방식은 모두 커피 가루의 양이나 물의 양을 취향에 맞게 조절하기 때문에 분쇄도 역시 조절하는 구간

[그림 26] 추출 방법에 따른 분쇄도

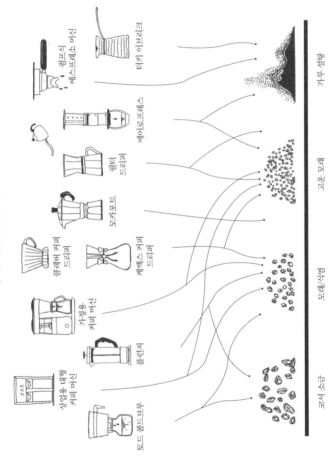

펌프식 에스프레소 머신

터키 이브리크

에어로프레스

멜리타 드리퍼

모카포트

클레버 커피 드리퍼

케멕스 커피 드리퍼

가정용 커피 머신

플런저

상업용 대형 커피 머신

토도 콜드브루

가루 설탕

고운 모래

모래/석염

코셔 소금

이 생긴다.

미국 스페셜티커피협회에서도 추출 방식에 따른 적절한 분쇄도에 관한 자료를 제공하고 있다. [표 6]은 미국 스페셜티커피협회가 발행한 커피 핸드북 속 표로, 분쇄되기 전 원두부터 각 추출 방법에 따른 커피의 분쇄도를 보여준다. 커피가 곱게 갈리며 그램당 입자 수와 너비가 증가함을 알 수 있다.

[표 6] 입자 크기 대 단위 중량당 입자 수

분쇄 형태	크기 (mm)	입자의 수	그램당 입자 수	입자 수 증가비율	그램당 너비
분쇄 전 커피콩	6.0	6	-	-	8
절구로 빻은 커피콩	3.0	48	42	1	16
굵은 커피 가루	1.5	384	336	8	32
보통의 커피 가루	1.0	1,296	912	22	48
드립용 커피 가루	0.75	3,072	1,776	42	64
곱게 간 커피 가루	0.38	24,572	21,550	512	128
에스프레소 커피	0.20	491,440	466,868	11,115	240

자료 출처: Lingle, T. Brewing Handbook, 미국 스페셜티커피협회

터키식 커피　15세기부터 그라인더를 이용해 커피를 갈아 마시던 터키 사람들은 커피를 아주 곱게 갈아 이브리크라고 불리는 긴 손잡이가 달린 위가 좁은 주전자에 넣고 뜨거운 물을 부어 커피를 만든다. 커피 가루가 가라앉으면 물만 따라 마시는데 상상 이상으로 진하다.

[그림 27] 커피 그라인더와 이브리크-터키

11. 커피의 추출

밥을 지을 때 압력밥솥에 지을지, 가마솥이나 냄비, 돌솥에 지을지에 따라 맛이 달라지듯, 커피 역시 추출 방법에 따라 맛이 달라진다. 더구나 추출은 커피 소비자 가운데 원두를 구입하는 소비자들이 본인의 입에 맞는 커피를 만들기 위해 시도하는 거의 유일한 과정이다. 이런 이유로 추출은 이 책에서 가장 중요한 부분 중 하나라고 해도 과언이 아니다. 커피를 맛있게 추출하기 위해서는 커피의 맛을 제대로 구분할 줄 알아야 한다.

추출의 원리

커피는 세포의 외부를 구성하는 세포벽과 내부의 세포질, 액포, 핵, 엽록체 등으로 이루어진다. 로스팅을 거치면 액포는 증발해 큰 공간을 만들고 세포질을 이루는 물질들은 세포벽에 눌어붙는다. 이렇게 되면 남는 것은 열에 의해 탄 세포벽과 변화된 세포 내부 물질이다. 두 부분이 물과 함께 추출되어 각기 맛과 향을 내며 커피 음료가 된다.

커피의 세포벽은 식물성 섬유질로 이루어진 목질이며, 식물성 섬유질은 소섬유질로 이루어져 있다. 소섬유질의 기본 구조는 셀룰로오스와 헤미셀룰로오스, 리그닌lignin이다. 리그닌은 셀룰로오스 사이에 위치해 강한 결합을 이루게 하는 지용성 페놀 고분자다. 리그닌이 열을 받으면 과이어콜2-methoxyphenol: 과이어콜은 일반명사이며 화학명은 2-메톡시페놀이다 과 관련 페놀화합물들인 4-메틸-과이어콜4-methyl-2-methoxyphenol, 4-에틸-과이어콜4-ethyl-2-methoxyphenol 등으로 변화된다. 그리고 추출 과정에서 물을 만나면 녹아서 섞이는데 이것에 커피의 나쁜 맛을 구성한다.

반면에 세포벽 안쪽에 있던 목질 외의 물질들은 열분해, 축합 등의 반응을 거치며 커피 본연의 맛과 향을 내는 수용성 고형분과 커피 오일로 변한다. 수용성 고형분은 커피 골격을 구성하는 세포벽의 표면에 코팅된 것처럼 눌어붙어 있어 물을 만나면 가장 먼저 물에 녹는다. 이때 수용성 고형분 위에 방울처럼 맺혀 있는 커피 오일은 물에 녹지는 않지만 수용성 고형분과 같이 휩쓸려 추출된다. 이들 성분은 세포벽에 눌어붙은 수용성 고형분이 녹은 뒤에 섬유질 사이로 물이 스며들어 침출되는 것이기 때문에 좋은 맛(수용성 고형분과 커피 오일)과 나쁜 맛(세포벽의 탄 맛과 냄새)의 추출에는 약간이나마 시간 차가 존재한다. 다시 말해 같은 커피 재료를 사용하더라도 추출의 방식과 방법에 따라 다양한 커피 추출물을 얻을 수 있다는 뜻이다.

커피를 처음 발견한 에티오피아인들은 뜨거운 물에 분쇄한 커피를 넣고 커피 가루가 가라앉으면 윗부분만 따라서 마셨다. 이러한 침전 방식은 현재도 에티오피아, 예멘, 터키 등 중동지역에서 흔히 볼 수 있다.

한편 커피가 유럽으로 전파되면서 1670년경에 필터로 걸러서 마시게 되었다. 유럽 각국은 맥주 생산이 발달해 맥주 제조 시 거쳐야 하는 필터링 과정을 잘 이해했으므로, 이를 곧바로 커피에 적용했다. 1671년 프랑스의 듀포Dufour는 그의 《책 커피, 차, 초콜릿에 관한 새롭고 진기한 연구A new and curious treatise about Coffee, Tea and Chocolate》에서 커피의 추출은 커피가 가지고 있는 아로마를 잃지 않는 방법으로 행해져야 한다고 썼다. 커피의 향을 마시는 커피 속에 남기고자 하는 노력을 이때부터 이해했다는 의미다. 또한 이것이 현대에 이르기까지 커피 추출법 개선의 바탕이 되었다.

현대에 와서 전기 커피메이커, 커피 플런저, 필터 드립, 모카포트moka pot, 에스프레소 머신에 이르기까지 다양한 커피 추출 기구가 등장해 사용되고 있다. 이들 기구의 작동 원리 및 장단점을 비교해보겠다.

불 맛의 비밀 과이어콜   세포벽이 타서 나는 맛과 냄새는 목초액의 냄새를 구성하는 성분과 동일한 과이어콜이다. 과이어콜은 연하게 희석해 훈제한 냄새를 더해주는 첨가제로 널리 쓰인다. 실제로 훈제는 하지 않았지만 훈제연어의 냄새가 나게 할 때, 실제로 장작불에 굽지 않았지만 그런 냄새가 나는 햄버거 패티를 만들기 위한 햄버거 소스, 불 맛이 나게 하는 짬뽕의 후첨 양념 등에 원료로 쓰인다.

필터 드립

도자기나 플라스틱으로 된 깔때기 모양의 필터홀더에 종이나 천으로 만들어진 필터를 걸치고 커피를 올린 뒤 뜨거운 물을 부어 커피를 내리는 추출 방식이다. 물을 따르는 시간, 뜸 들이기, 필터 홀더의 모양 등에 변화를 주어 커피의 맛에 영향을 줄 수 있다. 필터 드립 커피는 추출 기구의 가격이 저렴하고 사용이 편리하며 휴대가 간편하다. 무엇보다 세척하기 쉽다는 점이 가장 큰 장점이다.

필터 드립으로 추출한 커피는 맑고 깨끗해 보인다. 필터를 통과하면서 커피 가루의 미립자들과 커피 오일이 대부분 필터에 걸러지기 때문이다. 하지만 눈에 보이는 깔끔함은 커피의 맛과 크게 상관없다. 오히려 향의 많은 부분이 종이 필터에서 걸러진다. 커피가 가진 점성을 구성하는 다당류 중에서 아라비노갈락탄처럼 점성을 가진 성분을 걸러내 커피의 점성이 많이 약해진다. 아라비노갈락탄은 기체 상태의 향기 성분을 거품으로 감싸는 역할을 하는데 이 거품은 종이 필터를 통과하지 못하고 터지면서 향이 공기 중으로 퍼지는 것이다. 이 때문에 필터 드립으로 커피를 내릴 때 유독 향이 좋다. 커피의 향은 무한한 것이 아니기 때문에 추출 시 향이 많이 난다면 마시는 커피 속에는 향이 거의 없다는 뜻이다.

드립 방식의 커피는 추출하는 물에 압력이 걸린 추출 방식들에 비해 수용성 고형분의 추출률 역시 낮다. 앞서 커피의 좋은 맛과 나쁜 맛은 추출에서 시간 차가 있다고 했지만, 수십 초에 불과해

[그림 28] 밀리타 필터 홀더

필터 드립으로는 이를 분리하기가 쉽지 않다. 추출액이 종이 필터를 통과하는 데 보통 1분 이상의 시간이 걸리기 때문이다. 필연적으로 섬유질의 탄 맛이 커피에 포함되는데 이를 조금이라도 줄이기 위해 로스팅 단계가 높은 원두를 사용하지 않는 경향이 있다. 하지만 로스팅 단계가 낮은 원두를 사용하면 신맛이 강조된다. 이는 수용성 고형분 중에서도 신맛을 내는 카복실산, 그중에서도 포름산과 아세트산이 가장 먼저 추출되며 물에 쉽게 녹아 추출률이 높은 탓이다. 또 카복실산 만큼 빨리 추출되는 클로로겐산들과 그 분해물질인 퀸산은 수렴성astringency이 강해 커피가 떫은 신맛을 내게 한다.

　　이 신맛을 줄이기 위해 낮은 온도로 로스팅 시간을 길게 해서 커피의 신맛을 없애는 경우가 있다. 하지만 이렇게 볶은 커피는 맛과 향보다는 신맛을 없애는 것을 목표로 하다 보니 쓴맛이 강조된다. 그래서 커피를 볶지roasting 않고 구웠다bake는 표현을 한다. 신맛을 없애기 위해 로부스타를 섞는 경우도 있다. 좋은 품질의 아라비카 커피들은 연하게 볶은 단계에서는 신맛이 나므로, 로부스타나 브라질 산투스처럼 본래부터 쓴맛을 지닌 커피 품종을 섞는 경우가 많다.

그런데 필터 드립으로 중강 단계로 볶은 커피를 내릴 때 섬유질의 탄 내를 덜 나게 하는 방법은 의외로 간단하다. 커피 가루를 충분히(1인분 기준 20g 이상) 넣고 물은 조금만 부어 80~100ml 내외의 진한 커피를 1분 이내의 짧은 시간에 내린다. 그 뒤 취향에 따라 뜨거운 물로 희석해 마시면 탄 내가 많이 줄어든다. 요즘에는 커

Read more

시나몬 로스트　최근에는 좋은 품질의 아라비카 생두를 시나몬 로스트 이하로 볶아 필터 드립으로 아주 연하게 내려 차처럼 즐기는 사람들도 있다. 원두를 약하게 볶기 때문에 섬유질의 탄 내가 적고, 쓴맛은 덜하다. 신맛의 수렴성 성분이 주는 혀를 씻어주는 듯한 청량감을 즐기는 것이다.

향보다는 혀에서 느끼는 새콤한 맛 위주로 커피를 마시는 것이 제대로 커피를 즐기는 것인지는 각자의 판단이고 개개인이 가진 먹거리에 대한 미학적 기준의 문제다. 하지만 커피는 향이 많이 나야 한다는 전제와는 분명히 거리가 있다. 커피를 약하게 볶으면 향이 생성되는 마이야르 반응과 스트레커 반응의 초기 단계이므로 향은 나지 않고 산성도가 아주 높아진다. 풀시티 로스트 커피의 산성도가 pH5.8을 나타낼 때 시티 로스트 pH5.4 라이트 로스트는 pH4.5다. 단위 1은 산acid의 양이 10배임을 의미하므로 라이트 로스트의 산이 풀시티 로스트에 비해 10배 이상 많이 포함한다는 의미다.

피 오일이 종이에 흡착되는 것을 방지하기 위해 아주 고운 금속 매시 필터를 사용하는 경우도 있다. 드립 커피에는 드립 전용 주전자나 홀더 전용 스탠드, 추출된 커피를 서빙하는 유리포트 등 다양한 관련 상품이 있지만, 안타깝게도 투자한 것에 비해 맛이 크게 개선되지는 않는다.

한편 원두의 상태가 너무 오래되거나 너무 연하게 로스팅된 경우를 포함해서 원두의 질이 좋지 않을 경우 필터 드립 방식으로 마시는 것이 에스프레소 방식보다 낫다. 에스프레소 방식의 추출이 원두 본연의 맛과 향을 모두 보여주기 때문에 재료가 좋으면 맛과 향 역시 좋지만, 재료가 나쁘면 그 나쁜 맛과 향을 모두 드러내게 된

일본인이 선호하는 필터 드립 종이 필터를 개발한 것은 1908년 독일의 밀리타 벤츠이지만, 다양한 기구를 만들어 필터 드립 커피를 부활시킨 것은 일본인이다.

일본의 커피 문화에서는 필터 드립 방식으로 추출하는 것이 정성과 함께 손맛을 담은 제대로 된 커피 추출 방식이며, 수년에 걸쳐 필터 드립 추출에 노력을 기울이는 것이야말로 기예技藝를 연마하는 과정이라고 여기는 경향이 있다. 일본인은 사물을 대하는 태도가 매우 진중해 차를 우려내는 과정 또한 도道를 이루는 과정이라고 여긴다. 커피를 받아들일 당시 차의 일종으로 여겨 그들이 가진 다도의 연장선에서 커피 추출도 하나의 예藝로 대하는 관습을 만들었다고 볼 수 있다.

한 분야에서 오랜 세월 경험을 쌓은 이들을 존경하는 문화는 존중되어 마땅하지만, 커피의 추출과 기구가 어떤 과학적 근거로 발명되고 개선되어져 왔는지를 미리 알아보고 다른 추출 방식의 맛과 향도 한번 알아본 뒤에 마음에 드는 맛과 향을 내주는 추출 방식에 전념하는 것도 나쁘지 않다는 생각이 든다.

다. 반면에 필터 드립 방식은 향과 냄새의 원인 물질인 커피 오일이 조금밖에는 추출되지 않아 못 마실 정도의 냄새나 맛이 조금 덜하다. 연하게 마시면 이 나쁜 점이 훨씬 더 희석된다.

전기 커피메이커

[그림 29] 사용이 편리한 전기 커피메이커

종이 필터와 유사한 방식이며, 물을 끓여 내려주며 온도를 유지해주기 때문에 더 편리하다. 보리차처럼 연하고 따뜻한 커피를 종일 물대신 마시고 싶은 이들에게 가장 좋은 방법이다.

기구의 조작이 간편하고 가격도 싸며 커피 소비량 역시 적어 경제적이다.

뜨거운 열 튜브를 통해 물을 끓이기 때문에 세균 걱정도 없다. 하지만 커피메이커는 커피를 추출하는 시간이 길어 목질의 탄 내가 너무 많이 추출된다. 수용성 고형분과 마찬가지로 목질의 탄 맛도 무한히 추출되지는 않는다. 따라서 커피는 중간 굵기로 분쇄해서 소량 넣은 뒤 연한 커피로 내린다면 하루 종일 몇 잔을 마셔도 좋은 보리차 정도의 농도로 추출된다. 커피 로스팅 단계는 하이나 시티 정도가 좋다.

플런저

쇠로 된 막대가 달린 필터를 밀어 서 유리관 속의 커피와 물이 섞인 용액으 로부터 커피 찌꺼기를 분리시키는 방법으 로 커피를 추출한다. 필터는 와이어로 된 망 구조로 그다지 촘촘하지 않으므로 입 자를 크게 분쇄해야 한다. 커피의 입자가 커야 하는 만큼 커피가 충분히 우러나도

[그림 30] 플런저 또는 프렌치 프레스

록 추출 시간을 3분 이상 잡아야 한다. 입자가 작으면 커피 가루가 필터를 통과해 커피 속에 가라앉는다.

먼저 유리 용기를 뜨거운 물로 씻어서 용기를 데우고 물양의 약 5~6%에 해당하는 커피를 넣는다. 커피 가루를 모두 적실 분량의 뜨거운 물을 붓고 1분 정도 기다린다. 나머지 물을 붓고 막대 등을 이용해 한 번 저어준 뒤 3분 정도 기다렸다가 필터를 밀어 넣어서 커피 찌꺼기를 거른 뒤 마시면 된다. 필터를 밀어 넣을 때 힘들다면 커피를 더 굵게 갈거나 커피를 약간 덜 넣으면 된다.

플런저는 연하고 입자감 없이 깔끔한 아메리칸 커피를 마시 는 방식이 아니다. 플런저로 추출한 커피는 커피 오일이 많이 추출될 여지는 있지만 세포벽의 과이어콜 역시 많이 우러나 매우 텁텁한 느 낌이 난다. 진한 커피를 그대로 마시거나 우유 또는 크림을 타서 마 시기 위한 용도다. 이럴 때는 연유를 넣어보자. 연유가 없으면 설탕과

함께 뜨거운 우유를 타 마시면 구수하고 꽤 마실 만한 커피가 된다.

모카포트

모카포트는 2인용부터 10인용까지 다양한 크기가 있다. 에스프레소 커피와 같이 곱게 갈은 커피를 홀더에 빈 공간 없이 꾹꾹 눌러 담고 포트 속의 눈금에 맞추어 물을 붓는다. 준비된 모카포트 하단에 열을 가하면 물이 고압, 고온으로 커피 가루를 통과해 위로 솟구치며 커피가 추출되는 원리다. 높은 압력과 곱게 간 커피로 인해 추출률이 높아 아주 진하다.

모카포트의 단점은 곱게 간 커피로 높은 압력을 걸어 추출하기 때문에 목질의 탄 내 역시 고스란히 추출된다는 점이다. 같은 에스프레소 커피라도 93~96℃의 물을 기계의 압력으로 짧은 시간 추출하는 현대의 에스프레소 머신으로 만든 커피와는 맛과 향에서 차이가 크다.

또 하나는 작은 모카포트는 밑부분 역시 작아서 가열하는 불도 작아야 한다. 그런데 현대의 가스는 이렇게 작은 불을 찾기가 쉽지 않다. 그래서 넓은 화구에 쇠망을 놓고 그 위에 모카포트를 올려서 사용한다. 이때 커피포트 옆면으로 불길이 올라오면서 가열해 추출된 커피를 끓게 만들어 향기도 함께 사라진다. 따라서 모카포트 크기에 맞는 작은 불 위에 올리는 게 중요하다.

상부 공간
침출물을 모아준다

커피 홀더
가루를 담아둔다

안전밸브
초과 압력을 분출한다

물탱크
물을 담아둔다

[그림 31] 모카포트의 추출 원리

모카포트로 추출할 때 흔히 하는 실수 중 하나가 큰 용량의 모카포트에 커피 가루는 조금 담아 커피를 내리는 것이다. 커피홀더에 공간이 생기게 커피 가루를 담고 물의 양은 눈금에 맞게 넣으면 본래 모카포트로 추출한 진한 커피가 아니라 연한 커피를 마실 수 있다. 하지만 모카포트는 물이 끓어 위로 추출되는 구조이기 때문에 커피홀더에 커피가 가득차지 않으면 빈 공간에 물이 찰 때까지 추출이 되지 않는다. 그 결과 추출 시간이 길어져 목질의 탄 내가 너무 많이 추출된다. 홀더에 빈공간이 생기지 않도록 꾹꾹 눌러 담는 것이 가장 중요하다.

모카포트로 추출한 커피는 에스프레소처럼 진하기 때문에 물을 타서 희석해도 충분히 진한 커피를 맛볼 수 있으며, 뜨거운 우유에 넣어 마시면 에스프레소 머신으로 만든 카페라테 이상으로 구수하고 진한 카페라테를 마실 수 있다. 이탈리아 가정에서 보통 이렇게 만든 카페라테와 빵 한 조각으로 아침을 때운다.

에스프레소 머신

추출의 핵심은 시간 차를 이용해 커피의 좋은 맛은 추출하고 나쁜 맛은 추출되지 않도록 하는 데 있다고 앞서 언급했다. 에스프레소 머신은 바로 그 시간 차를 완벽하게 적용한 추출 기구다. 에스프레소 머신의 원리는 다음과 같다.

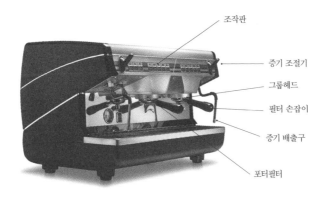

조작판

증기 조절기

그룹헤드

필터 손잡이

증기 배출구

포터필터

[그림 32] 에스프레소 머신과 각 부분 명칭

● 보일러에 물이 채워지고 히터에 전기가 공급되면 물이
  90℃ 이상 뜨겁게 데워져 보일러 안에 보관된다.

● 포터필터에 커피를 채우고 탬핑커피를 평평하게 다지는 것해 그
  룹헤드에 잘 끼워넣는다.

● 콘트롤 패널의 버튼을 눌러(또는 핸들을 내려) 보일러 안에
  보관된 뜨거운 물에 압력을 더해 그룹헤드로 보낸다.

● 뜨거운 물이 포터필터 속 커피 가루 사이를 빠른 속도로
  지나가며 수용성 고형분, 커피 오일, 커피 속에 남아 있던
  기체를 뽑아 내린다.

● 29~42ml 정도로, 컨트롤러에 의해 미리 세팅된 한 잔의
  양이 채워지면 펌프가 멈추며 추출이 끝난다.

에스프레소 추출의 핵심 원리는 밀폐성이다. 뜨거운 물에 10 기압에 달하는 압력을 걸어 아주 곱게 갈리고 탬핑에 의해 다져져 빈 공간이 거의 없는 커피 가루 사이를 아주 빠른 속도로 지나가도록 하며 추출이 이루어진다. 밀폐된 곳에서는 기체 상태로 존재하는 커피의 향과 열을 받으면 휘발되는 커피 오일도 날아가지 못하고 고스란히 추출된다. 수용성 고형분의 층이 녹아 추출된 뒤에 세포벽의 섬유질이 드러나 페놀화합물이 녹아들기 시작하는 순간에 물이 멈추며 더 이상의 추출이 이루어지지 않는다. 커피의 진액만 뽑혀 나온 것이다. 이렇게 뽑혀 나온 소량의 진액을 그냥 마시면 에스프레소이고, 거품 낸 우유에 타면 카푸치노, 더 많은 우유에 타면 카페라테, 뜨거운 물에 희석하면 카페 아메리카노가 된다.

에스프레소 커피에 사용하는 원두는 시티 이상의 단계로 로스팅해야 한다. 또 커피의 분쇄도가 매우 중요하다. 에스프레소 머신용 커피는 다른 모든 추출 방법과 비교해 가장 곱게 갈아야 한다. 자세한 내용은 '분쇄' 편을 참고하자.

42ml의 커피를 20~30초 안에 추출해야 한다. 시간이 더 걸린다면 분쇄도를 조금 굵게 하거나 탬핑을 좀 약하게 해서 물이 빠져나가는 시간을 줄여야 한다.

느리게 뽑힌 커피는 한마디로 쓰다. 부드러운 느낌이 없고 한약 같은 느낌의 쓴맛 나는 커피가 되며, 향도 없다. 반대로 너무 빨리 20초 이내로 추출한 커피는 신맛이 나는 연한 커피가 된다. 필터 드립 커피에서도 언급했듯이 신맛의 원인 성분인 포름산과 아세트산, 떫은맛의 클로로겐산과 퀸산이 가장 먼저 나온 데 비해 진한 맛을 내는 수용성 고형분의 양이 적게 추출되어 맛의 균형이 신맛으로 치우쳤기 때문이다.

　　탬핑한 커피는 그룹헤드에 끼우면 여러 개의 구멍을 통해 물이 나오는 부분인 샤워스크린에 밀착된다. 스크린에 뚫린 수백 개의 구멍에서 8기압 이상의 압력이 걸린 93~96℃의 뜨거운 물줄기가 커피 가루 사이를 빠른 속도로 훑고 지나가며 수용성 고형분과 커피 오일을 녹여낸다. 이때 이산화탄소 상태로 존재하는 커피 내부의 기체들은 압력에 의해 공기 방울 상태로 추출되는데 이는 이산화탄소와 같은 기체를 점성이 높은 아라비노갈락탄 같은 끈적끈적한 물질이 감싸 방울 형태를 만든 것으로, 크레마라고 불린다.

[그림 33] 에스프레소 커피의 크레마

로스팅한 지 얼마 되지 않은 커피는 많은 양의 크레마를 만든다. 42ml의 에스프레소를 뽑을 때 커피액 28ml에 나머지 부분은 크레마로 덮인 것이 가장 좋은 맛을 보여 준다. 잘 볶고 잘 뽑은 에스프레소 커피는 전혀 쓰지 않다.

다만 에스프레소 머신의 경우 추출된 커피의 품질이 뛰어나다고 해서 누구나 쉽게 선택할 수 있을 만한 가격대는 아니다. 가정용 에스프레소 머신도 다른 추출 기구와 비교하면 고민해야 할 만큼 가격 차이가 크다. 하지만 가정용 에스프레소 머신은 커피 원두를 넣고 버튼을 누르기만 하면 커피가 추출되어 나오기 때문에 매우 편리하다. 또 상업용 에스프레소 머신은 한 잔의 양이 28~42ml인데 비해 추출 압력이 상업용에 비해 떨어지는 가정용 에스프레소 머신에서는 42~56ml의 추출량이 수용성 고형분을 조금 더 뽑는 방법이다. 그렇더라도 에스프레소 머신에서 한 번에 60ml 이상 뽑으면 커피 맛이 떨어지니 주의하도록 하자.

에어로프레스

비교적 최근에 나온 커피 추출 기구인 에어로프레스는 가격 대비 고품질의 커피를 제공한다. 한마디로 주사기의 원리를 적용해서 플라스틱관 안에 커피와 뜨거운 물을 붓고 잘 섞은 뒤 피스톤을 미는 힘으로 압력을 가해 커피를 신속하게 뽑는 방식이다. 에스프레

[그림 34] 에어로프레스로 에스프레소를 추출하는 모습

소 머신의 추출 부분의 원리만 차용한 것이라고 생각하면 되겠다.

실린더의 앞부분에 종이 필터 또는 무수한 작은 구멍이 뚫린 금속 필터를 끼울 수 있는데, 종이 필터를 끼워도 유화된 상태의 커피 오일은 압력에 의해 종이필터를 통과해 추출된다. 같은 종이 필터라도 압력이 걸리지 않는 필터 드립 커피와 차별되는 특징이다. 종이 필터에 커피 오일이 조금이라도 흡착되는 것이 싫다면 금속 필터를 끼우는 것도 방법이다.

마시고자 하는 커피의 양만큼 물을 넣는 것이 아니라 에스프레소처럼 진하게 추출한 뒤 희석해서 마신다. 분쇄도에 따라 추출 시간을 달리해야 하며, 에스프레소 정도로 곱게 간 것은 커피와 물을 잘 섞은 뒤 15초 이내의 짧은 시간을 기다렸다가 바로 피스톤으로 밀어내고, 분쇄도가 큰 경우 커피와 물을 섞은 뒤 1분 정도 두었다가 추출하면 좋은 커피를 얻을 수 있다. 물론 곱게 갈아 빨리 추출하는 게 더 좋은 커피를 뽑을 수 있다. 다만 뜨거운 물을 붓고 밀어내는 데 적지 않은 힘을 들여야 하므로 용기가 미끄러지거나 실수해 혹시라도 화상을 입을 위험을 미리 염두에 두고 안전한 자세로 추출해야 하겠다.

에스프레소 머신이 가장 개량된 최선의 추출 방식이라고는 하지만 높은 가격 때문에 구매를 망설였던 이들에게 추천한다.

냉각 추출 농축액cold concentrate

찬물로 추출한 커피로, 보통 콜드브루 커피cold brew coffee라고 불린다.

콜드브루 커피는 아주 위생적인 환경, 즉 용기와 추출 기구를 철저히 살균한 상태에서 추출이 이루어져야 한다. 포장과 저온 유통 등 관리 역시 철저히 이뤄지지 않으면 박테리아(대장균)와 곰팡이에 쉽게 노출되어 냉장 보관하더라도 상할 염려가 있다. 이 때문에 콜드브루 제조업체에서는 천연 방부제를 사용해 미생물의 증식을 억제하는 경우가 있다. 식품공전에는 액상 커피에 대해 세균 수 1ml당 100마리 이하, 대장균 기준은 음성이어야 한다고 되어 있다.

액상 커피 안에 존재하는 단백질, 탄수화물, 자당, 과당과 같은 당류 등은 물을 만나면 더 작은 물질로 분해되고자 하는 가수분해가 시작된다. 이 과정에서 산도를 높이는 역할을 하는 성분으로 분해된다. 즉 커피는 추출되는 순간부터 끊임없이 산성화되려고 한다. 수소 이온 농도 지표인 페하(pH: 7이 중성이며 이보다 낮으면 산성, 높으면 염기성이다)의 개념으로 말한다면 pH가 끊임없이 낮아진다. 유럽에는 pH5 이하의 액상 커피는 유통되지 않도록 법으로 규제되지만 우리나라는 아직 규정이 없다. 제조업체에서는 산성화를 막기 위해서 베이킹 소다(탄산수소나트륨) 또는 비슷한 중화제를 넣는 것 외에 다른 방법이 없다. 소규모 콜드브루 커피 제조자들 가운데 아무 처리도 하지 않고 병에 넣은 농축액을 판매하는 경우가 있는데 이는 미생물에 의한 오염을 야기하니 주의해야 한다.

카페인은 찬물보다 뜨거운 물에서 훨씬 잘 녹는다. 그럼에도 콜드브루 커피는 카페인 함량이 대체로 높다. 이는 카페인뿐만 아니라 수용성 고형분의 추출률도 낮아지는 콜드브루 추출의 특성상 12~20시간이라는 긴 시간을 투자하게 되어 커피 안의 카페인도 고스란히 추출되기 때문이다. 또 냉각 추출법으로 만든 커피를 마시는 소비자의 대다수가 커피 한 잔을 만들 때 온수로 추출한 커피보다 콜드브루 커피를 사용할 때 쓰는 양이 더 많기 때문에 결과적으로는 커피 속 카페인 함량이 높아진다고 한다.

냉각 추출 농축액은 수백 명에서 1,000명 이상의 많은 사람들에게 동시에 커피를 제공해야 하는 대규모 회의나 연회장, 뷔페 음식점 등에서 주로 사용된다. 따뜻한 커피를 내려서 서비스하려고 하다가는 커피가 추출되어 산화되기 전까지 약 15분 안에 그 많은 인원에게 제공하는 일이 불가능하다. 이럴 때 미리 물을 끓여 대형 보온통에 넣고 여기에 농축액을 타서 순식간에 커피를 만들어 제공하는 것이다.

더치커피 일본에서 시작되어 한때 널리 불린 '더치커피'라는 명칭은 네덜란드 선원들이 배 위에서 찬물로 커피를 내려 마셔서 그렇다는 설도 있지만, 근거는 없다. 이보다는 1753년에 세워진 네덜란드 기업 다우에 액버트Douwe Egberts의 액상 커피에서 유래하지 않았나 싶다.

다우에 액버트는 260년의 커피 로스팅 역사를 가진 기업으로 그 밖에도 커피 수입, 액상 커피 추출·제조·유통, 추출기 제조도 하고 있다. 액상 커피 추출 시 커피를 한 번에 추출하는 것이 아니라 같은 커피를 액화 이산화탄소 추출, 스팀 추출 등 4회 이상 대단히 복잡한 추출 과정과 향 회수 과정을 거친다. 이를 통해 수용성 고형분 추출 수율 및 향 회수율이 높은 훌륭한 커피를 생산한다.

12. 커핑

커피를 마셔보고 품질을 평가하는 것을 테이스팅 또는 커핑 cupping이라고 한다. 테이스팅은 커피 외에도 음식 전체를 아우르는 맛보기란 의미가 있는 반면에 커핑은 커피와 티에 한정된 마셔보기 라는 의미가 있으므로 여기서는 커핑으로 통일하겠다.

커피의 맛과 향을 정확히 파악하는 일은 지금까지 전문가의 영역이었다. 검사를 하는 목적 또한 각종 산지의 커피가 가격 대비 좋은 커피인지 파악하는 데 가장 큰 목적이 있으며, 가격 대비 품질 이 우수한 생두를 구매하기 위함이다. 또한 블렌딩을 목적으로 한 커핑도 매우 중요하다.

필요한 시기에 좋은 가격으로 적기에 대규모 구매를 하는 기 업들은 커핑 전문가를 바이어로 내세워 출하 시기에 농장을 직접 방 문한다. 이들 바이어의 역할은 커피를 시음하고 회사의 이익과 품질 에 맞는 커피를 구매하는 일이다. 산지를 직접 방문하지 않더라도 무역회사나 산지의 대리인이 보내온 샘플을 그들이 제시한 가격으 로 수입할지 여부를 결정하기 위해 커핑이 이루어진다. 커피 제조업 체로서는 가격과 품질이 우수한 원자재 구입이 가장 중요한 일이므 로, 커핑에 기울이는 노력은 아무리 강조해도 지나치지 않다.

커핑에서는 케냐, 에티오피아, 인도네시아, 브라질 등 국가별 단일 품목의 특징을 파악하는 것이 가장 기본이다. 이를 위해 지속적이고 오랜 커핑 경험이 필요하다. 마셔보고 또 마셔보는 반복되는 경험 속에서 커피별 특징이 머릿속에 자리 잡게 되며, 이때 비로소 블렌딩도 가능해진다.

먼저 전문가들이 하는 생두 판별을 위한 커핑의 과정을 살펴본 후 일반 소비자가 응용하는 방법을 알아보겠다. 커핑은 취향에 맞는 원두를 구매하는 것은 물론 추출 방식에 따른 원두를 고르는 법 등 당장 써먹을 수 있는 요긴한 방법이기도 하다.

관능검사로서 커핑

커피의 커핑은 식품 전체에서 쓰이는 품질 평가 방식인 관능검사를 커피에 특화되게 응용한 것이다.

관능검사는 사람이 스스로 측정기구가 되는 것이다. 시각, 후각, 미각, 촉각 및 청각을 이용해 식품과 물질의 특성을 측정하고 분석 또는 해석하는 과학의 한 분야다. 또 통계학의 이론을 기초로 미리 충분히 계획된 조건에서 복수의 인간이 감각을 도구로 물건의 질을 판단해 신뢰성 있는 결론을 내리고자 하는 하나의 수단이다. 통계학을 응용하지 않은 커핑은 무의미하고 신뢰성이 없다. 통계의 신뢰성을 높이는 방법으로는 커핑 하는 사람의 숫자를 늘리는 것과 커핑 하는 사람들을 미리 교육 시켜 검사자로서의 자질을 높이는 방법이 있다. 여기서 자질은 감각과 표현을 일치시키는 것을 말한다. 한 가지 샘플일 경우에는 맛과 향에 대한 표현이 다른 검사자들과 일치해야 하며 여러 샘플의 순위를 매길 때 평균치에서 벗어나지 않는 것이 감각과 표현을 일치를 이루는 것이다.

1. 관능검사(커핑)는 목적과 범위가 명확해야 한다.

관능검사의 목적은 제품 개발을 위한 상업적 목적이 가장 우선되며 관능검사를 하는 부서는 연구, 생산, 또는 품질관리부서 등이 있다. 커핑의 상업적 목적은 생두 구입, 블렌딩 개발, 로스팅 조건 최적화, 생산품의 품질 모니터링에 해당된다. 일반 소비자라면 수많은 커피 중 자신의 기호에 맞는 커피 종류를 알아보고, 추출 방식을 찾는 것이 커핑의 큰 목적이 된다.

2. 관능검사의 용어는 누구나 공감할 수 있는 일반적이고 구체적인 단어가 되어야 한다.

관능검사자(패널)는 해외에서는 특정 검사 때마다 교육을 약간 받고 투입되는 프리랜서 전문직이지만, 우리에게 생소한 직업이다. 관능검사를 상시로 운용해 외부에서 의뢰를 받아 관능검사를 해주는 기업이나 기관이 우리나라에는 손을 꼽을 정도로 적어 고도로 훈련된 검사자가 아직은 부족한 현실이다. 많은 식품기업과 식품 관련 연구소의 개발부서와 품질관리부서가 검사자 역할을 하고 있다.

식품의 관능검사를 위해 검사자는 검사하고자 하는 샘플의 난이도에 따라 6개월~1년에 걸친 사전 교육을 받아야 한다. 여기에는 검사자가 되고자 하는 개인 후보원에 대해서도 60시간 이상의 훈련 및 연습시간과 100시간 이상의 실제 프로파일 수행연습 시간이 포함되어야 한다.

커핑의 용어는 많은 용어 중에서 커핑하는 그룹원들이 의미를 공유할 수 있는 것으로 한정해야 한다. 한 명이라도 의미를 모르는 커피 용어가 있으면 사용할 수 없다. 커핑에 사용할 용어를 미리 토의하고 실습을 통해 의미를 알아가는 과정을 거쳐 다양한 커핑 용어를 사용할 수 있게 된다.

3. 추상적 단어를 사용해서는 안 된다.

'실크처럼 부드럽다' '악마의 맛처럼 쓰다' '첫사랑처럼 달콤하다' 등의 표현은 듣기에 멋있을지 몰라도 커핑에 사용해서는 안 되는 표현이다. 커피는 식음료 시료(검사 대상 샘플) 중 와인과 함께 가장 까다로운 시료다. 6개월에서 1년에 걸친 교육을 받아도 커피가 지닌 맛과 향의 지극히 일부만 표현이 가능하다. 60시간 이상의 훈련 및

커피 수입기업의 바이어 커피수입 기업들의 생두를 구매하는 바이어는 보통 수십 년의 커핑 경험을 가진 세계최고의 커핑 전문가들로, 업계에서는 이름만 대면 아는 대가들이다. 이들은 도제 방식으로 경력을 쌓는데 경험이 부족한 바이어 후보는 전문가와 동행하며 수년간 경험을 쌓은 뒤 바이어로 활동하게 된다.

연습시간과 100시간 이상의 실제 프로파일 수행연습은 우리나라에서 구매 가능한 커피 수십 가지와 각 커피의 로스팅 단계에 따른 맛의 차이만을 경험하기에도 턱없이 부족한 시간이다. 경험이 부족하다고 느끼면 커핑하는 커피의 종류를 10가지 이내로 줄여 반복적으로 해보거나 커핑으로 알아보려고 하는 맛과 향의 가짓수를 줄여서 정확도를 높여야 한다.

생두 구별 커핑의 사전 준비

성공적인 커핑을 위해서는 준비가 필요하다. 미국 스페셜티 커피협회가 여기에 체계적인 규정을 제시했다. 이 조건은 생두를 판별하는 것임을 염두에 두되, 꼭 이들 조건을 갖추어야 하는 것은 아니지만 사정이 허락하는 한 규정에 가깝게 조건을 맞추려 노력할 필요가 있다.

1. 로스팅 단계 : 커피는 약 로스팅 단계로 볶는다.
색도계 회사 애그트론agtron[7]의 색도 수치 65단계로 볶아야 한다. 이는 상당히 약한 로스팅 단계로 첫 번째 크랙이 일어

---

7) 근적외선을 사용해 로스팅된 커피의 색상을 분석하는 기구를 만드는 회사. 색도를 나타내는 숫자를 출력하는데 숫자가 낮을수록 커피색이 짙어진다. 에스프레소 로스트는 20대, 다크 로스트는 30대 숫자이며, 40-55는 미디엄 로스트, 55 이상은 라이트 로스트다.

난 후 약 30초 정도 지난 단계다. 뉴욕시티 분류법으로 보면 시나몬 로스트 정도로, 혀로 느끼는 당분과 신맛의 차이를 쉽게 구별할 수 있다. 반면에 커피의 당류가 캐러멜화되어 나는 맛을 포함해 각종 성분이 열분해를 거쳐 나는 향이 없는 단계다. 생두의 특징을 구분하는 것이 용이해 생두 품질을 판별하는 데 쓰인다.

2. 물에 의한 냉각은 안 되며 공기로 빨리 식혀야 한다.

대형 로스터에서는 한 번에 볶이는 커피의 양이 많아 공기를 순환시키는 방식으로는 냉각이 불가능하다. 이 때문에 로스터 내부에 스프레이로 물을 뿌려 식히는데 이를 수냉water quenching 방식이라고 한다. 커핑에 쓰이는 커피는 이 방법을 사용해서는 안 된다.

3. 로스팅 시간은 8분에서 12분 사이로 한다.

이 규정은 약간의 문제가 있다. 로스팅 단계를 1차 크랙 후 30초라고 가정할 때, 로스팅 시간이 최대 12분이라는 말은 첫 번째 크랙이 11분 30초에 일어난다는 의미다. 이는 커피 실제 로스팅 시간과는 동떨어진 기준이다. 1차 크랙과 시티 로스트의 기준이 되는 2차 크랙 사이에는 보통 높은 온도로 볶을 때는 1분, 낮은 온도로 볶을 때는 3분의 시간 차가 존재한다. 시티 로스트 기준으로 로스팅 시간이 12분을 초과하면 이는 너무 낮은 온도에서 커피를 볶는 것이 된다. 로스팅 온도가 너무 낮으면 커피를 굽는bake 상황이 되어 커피의 질이 떨어진다는 것은 앞서 로스팅에서도 언급했다.

약 로스팅을 기준으로 했을 때 8분에서 늦어도 9분 30초에 로스팅이 끝나야 한다. 미국 스페셜티커피협회가 요구하는 약 로스팅된 커피 시료의 볶는 시간은 낮은 온도로 볶는다고 해도 12분-3분+30초=9분 30초를 넘어서는 안 된다는 것이 내 생각이다.

4. 볶은 지 24시간이 지나지 않아야 한다.

커피는 로스팅한 뒤 연기가 빠져나가고 맛과 향이 안정되는 데 시간이 걸린다. 이 점을 생각해보면 이 규정은 이해가 되지 않는다. 보통 커피는 프렌치 로스트같이 강하게 볶을 경우 24시간, 시티 로스트의 경우 48시간, 약 로스팅일 경우 72시간부터 마시기 좋은 상태가 된다. 다시 말해 약하게 로스팅한 커피일수록 맛과 향이 안정되는 데 드는 시간이 길다. 이는 신맛을 내는 카복실산의 휘발성 때문이다. 로스팅 단계에 따라 휘발성이 강한 산 순서로 휘발되어 자극적인 신맛이 점점 줄어들면서 커피 맛이 안정된다. 강한 로스팅 단계의 커피는 신맛이 이미 많이 없어진 상태라서 연기 성분이 빠지기만 기다리면 되기 때문에 시간이 덜 걸린다. 하지만 볶은 지 24시간 이내의 약 로스팅 샘플은 신맛이 강해 다른 맛을 지배하는 결과가 나타난다.

5. 커피는 150ml 물에 8.25g을 사용해야 한다.

6. 커피 입자는 미국 표준 망 사이즈 20메시를 70~75% 통과해야 한다.
20메시는 25.4mm 안에 20개의 체눈이 있는 것으로, 분쇄편에서 알아본 프렌치프레스의 분쇄도와 필터 드립 커피의 중간이 이 기준에 해당한다.

7. 물의 온도는 93℃에 맞추어야 한다.

이와 같은 조건이 갖춘 뒤에는 생두와 볶은 상태의 콩을 커핑하는 사람이 볼 수 없도록 하는 것이 중요하다. 생두의 종류와 로스팅 단계를 미리 알면 선입견이 머릿속에 자리 잡기 때문이다.

커핑으로 샘플 커피의 맛과 향에 대한 프로파일을 적은 후 비로소 커피의 로스팅 상태와 생두의 종류를 공개해야 한다. 커핑은 생두의 품질을 구분하는 데 있음을 전제로 밝혔듯이 생두 샘플과 생두를 볶을 샘플 로스터, 색도계 등은 생두 수입 회사나 어느 정도 규모를 갖춘 로스팅 회사의 실험실에서 갖출 필요가 있으며, 일반 소비자에게는 필요하지 않은 장비다.

커핑 용어

커핑에 앞서 커핑 내용을 기록으로 남겨둘 용어를 아는 것은 중요한 일이다. 이 용어들의 일부는 앞서 한글로 적절하게 번역해 소개했지만, 영어로도 기억해두면 인터넷의 다양한 커피 정보를 찾아보는 데 유용하기 때문에 여기서는 영어로 소개한다. 맛에 관한 용어 중 신맛, 단맛, 짠맛, 쓴맛은 6장을 참고하자.

프레이그런스와 아로마

프레이그런스fragrance와 아로마aroma 두 단어 모두 우리말로는 '향기' 외에 적절한 대체어가 없다. 군이 나누자면 프레이그런스는 물을 붓기 전 가루 상태에서 나는 향기dry fragrance로, 아로마는 가루에 뜨거운 물을 부었을 때 올라오는 향기wet aroma로 구분하면 된다.

테이스팅할 커피 가루를 컵에 넣고 1)가루 상태의 커피 향, 2)물을 부었을 때 표면이 빵처럼 부풀어 오를 때의 향, 3)물이 커피를 완전히 적셔졌을 때 올라오는 향을 맡고 판단한다.

플레이버

앞서 6장에서 우리는 이 용어를 향미flavor라는 단어로 대체했다. 이는 커피를 마셨을 때 혀의 맛봉오리가 느끼는 미각과 후구개를 통해 입안에서 코로 빠져나가는 향을 후각신경이 감지한 것을 합친 느낌을 말한다. 커피를 맛보기 위한 방법으로 스푼으로 떠서 입안으로 뿜듯이 빨아들였을 때 맛과 향이 동시에 느껴지는 감각이라고 할 수 있다. 즉 맛과 향을 동시에 느끼는 것이다.

애프터테이스트

커피의 끝맛after taste으로, 커핑할 때 삼키거나 뱉어낸 후에 후구개의 밑에 자리 잡은 혀의 뒷부분에서 좋은 맛과 향이 입안과 콧속에 얼마나 긴 여운을 가지며 퍼지고 맴도는가를 표현한 단어다.

애시디티

산미acidity라고도 하며 커피에 좋은 느낌을 줄 때는 '산뜻하게 새콤하다'는 표현을 하고 나쁜 느낌이 날 때는 '시다'는 표현을 하게 된다. 사과나 오렌지의 새콤함이 단맛과 어울려 뛰어난 맛을 지닌 과일을 만들듯이 새콤함은 커피를 생기발랄하게 만든다. 다만 산미가 풍부한 케냐, 탄자니아 등 동아프리카 커피를 선호하는 이들이 있는가 하면 산미가 적은 수마트라 커피를 선호하는 이들도 있기 때문에 산미의 많고 적음으로 커피의 질을 평가할 수는 없다. 커피를 마시자마자 느껴지며, 신선한 과일의 느낌을 주는 새콤함은 좋은 신맛이며, 신맛이 다른 맛에 비해 앞으로 툭 튀어나온다면 불쾌한 느낌이 나며 결코 바람직한 맛이 아니다.

커핑에 익숙하다면 신맛을 바로 느낄 수 있지만 신맛이 무엇인지 잘 모를 때는 설탕을 넣어보면 된다. 설탕의 첨가는 커핑의 정식 절차는 아니지만, 설탕을 넣음으로써 안 느껴지던 향도 느껴지고 쓴맛은 중화되며 신맛도 확실히 살아난다. 이것은 설탕이 화학적 변화를 일으키는 것은 아니지만 혀나 코의 감각기관이 느끼는 쓴맛이 사라지면서 다른 맛과 향을 더욱 많이 느낄 수 있기 때문이다. 다시 말해 설탕이 쓴맛으로 인한 간섭 효과masking effect를 없애주어 다른 감각을 느낄 수 있다.

바디

커피가 진할 때 쓰는 표현body으로 입안, 특히 혀와 입천장 사이에서 느껴지는 액체의 촉각을 기준으로 한다. 대부분의 경우 진한 바디감은 수용성 고형분과 당분의 함량이 높은 샘플에서 나타난다. 무게감, 밀도감, 농도 등으로 번역되기도 하지만 쉽게 이해되지 않기는 마찬가지다. 오히려 '진하다, 약하다'로 표현하는 편이 더 적절하다. 진한 경우 풀바디full-body, 약한 경우 라이트바디light body로 표현하면 의미가 잘 들어맞는다.

주의할 점은 물을 적게 하고 커피 가루의 양은 늘려서 진하게 추출하는 경우에는 바디가 아니라 농도가 진하다고 하는 편이 맞다. 같은 양의 물과 커피를 사용해 추출했을 때 각 원두마다 바디가 다르다. 예를 들어 멕시코나 코스타리카 커피는 진한 맛이 덜한 반면에 인도네시아 수마트라 커피는 진한 맛이 나는 경우가 그렇다.

와인을 평가할 때도 바디라는 용어를 많이 사용한다. 카버네 쇼비뇽Cabernet Sauvignon이나 말벡Malbec 품종처럼 아주 진한 와인은 풀바디로, 피노누아Pinot noir 같은 와인은 라이트바디로 표현하며 커피와 비슷한 의미로 쓰인다.

신맛이 커피를 볶는 초반에 형성되어 점차 사라지는 데 비해 커피의 진한 맛은 시티와 풀시티에서 가장 진하다.

생두에서 커피 맛이 전혀 없다가 열분해를 거치며 축합 또는 농축, 즉 어떤 성분이 계속 쌓이며 농도가 늘어나는 과정이 반복되는데 이때 나타나는 결과로 바디감이 높아진다. 이는 물에 녹는 수용성 고형분의 양이 늘어나기 때문이다. 생두를 로스팅하면서 커피 맛이 변해가는 것을 영어로는 디벨롭develop이라고 표현하며. 풀시티까지 로스팅되면 풀디벨롭fully developed되었다고 표현한다. 이후의 로스팅 단계는 오버디벨롭over develope이라고 해서 기존에 생성된 수용성 고형분과 커피 오일을 태워버리는 결과를 가져온다.

밸런스

앞서 언급한 모든 것이 어느 하나 모자라거나 튀는 맛 없이 적절히 조화되어 아쉬움 없는 맛이 날 때 커피의 균형balance이 잘 잡혔다고 한다. 균형은 두 가지 방법으로 얻을 수 있다. 블렌드 편에서 다루었듯이 커피를 잘 배합해서 만드는 것과 태생적으로 부족한 부분 없이 탄생한 단 한 종류의 커피를 로스팅한 것이다.

새콤한 맛이 우수한 케냐, 단맛이 좋은 모카, 바디감이 훌륭한 수마트라 커피는 좋은 커피이지만 균형 잡혔다고는 말할 수는 없다. 반면에 콜롬비아 커피는 각 맛이 균형을 이룬 커피이지만 튀는 부분이 없어 밋밋한 맛을 낸다.

스위트니스

단맛sweetness은 말 그대로 설탕과 같은 단맛이다. 생두 상태에서 커피는 설탕 성분인 자당이 들어 있다. 우리가 커피를 연하게 마실 때 설탕을 넣지 않고 블랙으로 마셔도 좋은 이유는 소량이나마 분해되지 않은 자당 성분이 들어 있거나 자당이 변형된 캐러멜 성분이 있기 때문이다. 모카커피 중에서도 예멘 커피의 단맛과 꽃 향은 단연 으뜸이며, 동아프리카 커피들이 새콤한 맛과 함께 단맛도 뛰어나다.

클린컵

나쁜 맛, 역한 맛이 없는 커피를 깨끗하다clean cup고 표현한다. 이는 세포벽의 주성분인 목질이 열로 인해 타기 직전의 상태까지 구워지며 나오는 성분들인 아세트산과 페놀화합물인 과이어콜 등이 얼마나 나오느냐에 따라 달라진다.

미국 스페셜티커피협회에서는 깨끗한 맛을 설명할 때 투명함transparency이라는 단어를 사용하는데 이 단어를 눈으로 보이는 투명도로 이해해서는 안 된다. 에스프레소의 경우 압력에 의해 필터를 빠져나간 커피 가루들과 커피 오일 방울이 커피 속에 떠다니므로 겉보기에는 탁하다. 반면에 필터 드립은 이런 것들이 다 걸러지기 때문에 깨끗해 보인다. 하지만 여러 번 강조했듯이 커피 맛의 깨끗함은 커피의 투명도와는 관계가 없다.

유니포머티

품질의 균등함uniformity을 나타내는 용어로, 같은 국가, 같은 지역, 같은 농장의 커피일 경우 생산연도가 다를 때 전년도 커피와 품질이 동일하게 유지되고 있는지 파악하는 지표다. 국가가 품질을 보증해 수출하는 케냐의 AA등급이라면 수입된 시점이나 루트가 다르더라도 커핑하는 커피가 대부분 비슷하다. 이 경우 유니포머티가 높다고 할 수 있다.

오버롤

커핑하는 패널(커핑 교육을 받은 평가자) 개인의 입장에서 커피 샘플의 전체적인 느낌을 나타내는 단어overall로, 커핑하는 사람의 능력을 판단하는 기준이 된다. 오버롤은 자신의 취향대로 채점하는 것이 아니다. 오버롤 채점을 하려면 우선 각 커피에 대한 패널 자신의 확실한 품질 기준이 있어야 한다. 모카커피를 판단한다면 모카커피가 가진 달콤함, 약간의 새콤함, 물을 부었을 때 느껴지는 꽃 향 등 모카 특유의 특징을 잘 나타내는지를 기준으로 삼아야 하며, 콜롬비아 커피를 판단할 때는 특유의 밸런스를 가장 우선해 평가해야 한다. 이러한 점들을 충분히 반영한 후 본인이 받은 좋은 느낌과 나쁜 느낌을 채점해야 한다.

여기에 더해 경험 많은 패널이라면 커피의 로스팅 단계와 시간, 방식에 따라 커피의 맛과 향이 어떻게 발현되는지, 로스팅한 지 며칠이 지났는지까지 머릿속에 넣고 있어야 한다. 각 조건에 따라 커피의 맛이 확연히 달라지기 때문이다. 이런 조건을 생각하지 않고 눈앞의 샘플만 마셔보고 판단한다면 오버롤이라는 전체적인 품질의 판단은 불가능하다.

오프플레이버와 디펙트

커피는 좋은 맛과 나쁜 맛을 동시에 가지고 있다. 나쁜 맛은 이취off-flavor 결함defects으로 표현되는, 커피의 품질을 떨어뜨리는 요소다. 이 책에서는 이취 또는 나쁜 맛으로 자주 언급된다.

테인트taint: 오염는 안 좋은 맛과 향이 느껴지기는 하지만 커피 맛 전체에 영향을 미치지는 않는 결함으로, 보통 코로 발견하는 냄새다.

폴트fault: 결점는 맛 측면에서 발견되는 이취로 커피 맛 자체를 나쁘게 만들 수 있다. 나쁜 맛과 향은 먼저 냄새로 인한 오염인지 맛에 의한 결점인지 구별해야 하며, 신맛sour, 고무 탄 내rubbery, 발효취fermented, 페놀 냄새phenolic로 분류한다.

커핑 절차

추출법에 따른 커핑을 제외하고는 추출 조건이 커피 맛과 향에 미치는 영향을 배제하기 위해 동일한 양의 커피 가루에 더운물을 붓는 침출 방식으로 커핑이 이루어진다. 커핑해야 할 샘플이 많을 경우 여타의 추출법으로 많은 샘플을 동시에 제공하는 것은 불가능하므로 불가피하게 채택되는 방법이다. 순서는 아래와 같다.

① 먼저 커피 가루의 색을 보고 로스팅 단계를 파악한다. 로스팅 단계는 커피 맛과 향을 평가하는 데 꼭 필요한 참고 사항이다. 커피가 식어감에 따라 느끼는 커피의 맛과 향의 특징을 기록한다.

② 커피를 분쇄해 커피 가루의 향을 맡는다. 프레이그런스로 불리는 이 향은 물을 붓고 난 후의 향과 다르다. 프레이그런스 항목에 나와 있는 특징에 대해 기입한다.

③ 물을 부으면 커피 가루가 부풀어 오르는데, 3분 정도 그대로 둔다. 3분이 지나면 부풀어 오른 가루를 저으며 올라오는 향을 천천히 음미한다. 아로마의 특징을 기록한다.

④ 커피에 물을 붓고 8~10분 정도 지나면 70℃까지 식는데 이때부터 커피를 마셔본다.

가능한 한 작은 방울로 입안에 퍼지게 스푼으로 떠서 혀를 대고 입을 오므려 입안으로 빨리 뿜어 주는 슬러핑 slurping이라는 방법을 사용한다. 소리가 많이 나지만 이렇게 하는 것이 커피의 향을 혀와 구개열, 그리고 향을 가장 많이 맡을 수 있는 후각기관이 위치한 비강 쪽으로 커피 입자를 보내줄 수 있어 향을 최대로 맡을 수 있다.

커피 방울의 표면에서 향이 증발되어 후각기관에 붙을 때 우리의 뇌가 향을 인지하기 때문에 커피를 그냥 한 모금 마시는 것과 최대한 작은 방울로 입안으로 빨아들임으로써 입자의 표면적을 넓게 만들어 휘발되는 양이 많게 만드는 슬러핑과는 큰 차이를 보인다. 먼저 맛과 플레이버를 평가하고 마지막에 애프터테이스트를 평가한다.

⑤ 애시디티, 바디, 밸런스는 식어갈 때 느끼기가 더 쉽다. 신맛과 바디를 평가하고 이런 맛들이 커피에서 얼마나 조화를 이루는지 밸런스를 평가한다.

⑥ 커피가 더 식어서 실내온도(37℃ 이하)에 접근함에 따라 스위트니스, 유니포머티, 클린컵을 평가한다. 커피의 온도가 20℃ 이하로 낮아지면 평가를 끝낸다.

점수 부여 scoring

커핑은 반드시 평가표cupping form를 기록해야 한다. 미국 스페셜티커피협회의 평가표에 의한 점수 시스템을 알아보겠다. 가루의 향(프레이그런스)과 물을 부었을 때의 향(아로마), 맛과 플레이버, 애프터테이스트, 애시디티, 바디, 유니포머티, 밸런스, 클린컵, 스위트니스, 오버롤의 10가지 항목을 낮은 점수는 6점부터 0.25점 단위로 9.75점까지 16단계로 구분 지어 점수를 부여한다. 6점 이하의 점수는 스페셜티 커피로 보기 어렵기 때문에 6점에서 시작한다. 이 모든 점수를 더한다.

또 커피에서 느껴지는 감점 요인을 두 가지로 나눠 향에서 느껴지는 테인트와 오프플레이버는 2점의 감점, 맛에서 느껴지는 폴트는 4점의 감점을 매긴다.

앞에서 더한 점수에서 감점을 빼 각 샘플의 종합점수를 부여
한다.

절대 평가(점수제)의 오류

이런 엄격한 평가에도 불구하고 생두를 구입할 때 커핑 점수
에 전적으로 의존하지는 않는 편이 좋다. 평가표의 채점을 할 수 있
는 실력과 오랜 경험은 일반인이 커피의 맛과 향을 체험하고 그 느
낌을 표현하는 것과는 전혀 다른 부분이다.

커피의 맛과 향을 평가하는 것은 일상에서 얼마든지 쉽게
할 수 있는 일이고 대화의 주제로도 자주 활용된다. 하지만 자신의
평가를 수치화하는 것은 오랜 시간 커피 관련 업종에 종사한 사람
들에게도 어려운 일이다. 하물며 오늘 평가한 몇 가지 샘플을 번호
만 바꿔서 다음 날 평가할 때 똑같은 점수를 줄 수 있는 평가자가
얼마나 될까? 없는 것은 아니지만, 그런 사람들은 이를 직업으로 삼
는 전문가들이다.

평가 오류를 줄이려는 노력

커피를 연구하는 과학자들은 맛과 향을 언어로 표현하는 데
는 인간이 기계보다 뛰어나지만 이를 수치화해 통계를 내는 데는 오
차가 심하다는 것을 알고 얼마 전부터 가스크로마토그래피 측정치
와 관능검사 통계자료의 조합을 통해 커피의 품질을 판별하는 소프

트웨어 도구를 개발하고 있다. 데이터가 충분히 쌓인다면 인간의 미각과 후각에 의존하지 않고 기계를 통한 커피의 품질 평가가 이루어지는 시기가 올 것이다.

현재도 관능검사에서 평가원들의 점수 편차를 줄이기 위해 보정 소프트웨어를 사용한다. 예를 들어 세 종류의 커피를 평가했을 때 평가원마다 점수의 차이는 있지만 1위와 2위, 3위의 점수 분포에 차이가 없을 경우 이들의 평가는 같다고 보고 점수의 편차를 보정하는 것이다. 분포가 다른 평가자의 점수는 편차 밖의 점수로 판단해 통계에 포함하지 않는다. 평가원의 숫자가 늘어나면 매우 신뢰성 있는 결과를 얻을 수 있다.

일상에서 누구나 쉽게 하는 커핑

생두를 구매할 기회가 없는 일반 소비자는 앞에 소개한 커핑은 참고로만 하고 일상에서 쉽게 할 수 있는 커핑을 체험해보도록 하자. 이는 특별한 기구를 필요로 하지 않으며, 맛있는 커피로 한 발 더 나아갈 수 있는 과정이다. 커피를 제대로 즐기기 위해 가장 중요한 것은 내가 좋아하는 커피를 찾아내는 일이다. 최소한의 준비를 갖추어 기회가 닿을 때마다 커핑을 적극적으로 해보자. 여기서 중요한 것은 항상 같은 평가를 내릴 수 있는 능력이다.

피로를 풀기 위해 커피숍에서 커피 한 잔을 편안히 마셨다면 그것은 커핑이 아니다. 하지만 같은 경우라도 메뉴에 있는 에티오피아 하라 커피가 어떤 맛인지 알기 위해 주문했다면 그것은 커핑이다. 다음 날 수마트라 만델링을 같은 목적으로 마셔본다면 그 또한 커핑이다. 특정 커피의 맛과 향을 염두에 두고 마시는 경험을 쌓는 것이다. 그리고 여기에 필요한 도구가 바로 스푼이다.

스푼을 이용해 커피를 떠 마시면 그것이 곧 커핑이다. 커피숍에서 요란한 소리를 내며 슬러핑을 하지는 못하더라도 스푼을 사용하는 것만으로 맛을 섬세하게 느낄 수 있다. 스푼으로 마시면 커피가 식기 때문에 맛과 향을 느끼기 훨씬 쉬워지고 조금씩 여러 번 맛과 향을 느낄 수 있기 때문이다. 이것을 오래 하다 보면 스푼을 사용하는 순간 뇌 속에서 맛과 향을 비교하게 만드는 스위치가 켜진

[그림 35] 커핑 준비물

다. 스푼으로 몇 번 떠서 맛보았다면 커핑은 끝내고 나머지 커피를 즐기자. 그런데 주문한 커피가 너무 좋은 향이 나고 그 맛 또한 훌륭하면 스푼으로 커핑할 생각도 못하고 커피잔을 비우게 된다. 커핑할 것도 없이 그런 커피가 정말 좋은 커피다.

스푼 커핑을 할 때 유의해야 할 점은 한 번에 한 가지 맛과 향만을 커핑해야 한다는 것이다. 이 원칙은 초보자와 숙련자를 가리지 않고 적용되는 원칙이다.

집에서 커핑을 할 경우에는 다음과 같은 준비물을 갖추자.

- 뜨거운 물을 부어도 깨지지 않는 목이 넓고 낮은 유리잔을 샘플 수만큼 준비한다. 중간 사이즈의 종이컵도 가능하지만 유리잔이 가루가 가라앉는 것이 보이기 때문에 더 좋다.
- 물을 끓일 수 있게 준비한다.
- 물은 정수된 물을 사용한다.
- 커피 그라인더를 준비한다.
- 큰 스푼을 준비한다.
- 커피 스푼을 헹구는 물, 입을 헹구는 물, 입안을 헹군 물과 커피를 뱉을 큰 컵 등이 필요하다. 간단히 큰 사이즈의 종이컵을 몇 개 준비해두는 것도 좋다. 스푼을 헹구는 컵은 스푼을 넣어도 쓰러지지 않도록 묵직한 맥주컵을 준비하면 편리하다.

● 샘플 원두를 준비한다. 블라인드 테스트를 혼자 하기는 불가능하지만 두 명 이상이면 서로에게 샘플을 제공하면 된다.

이제 기본적인 커핑을 소개하겠다.

로스팅 단계에 따른 맛의 변화

단계는 로스팅을 직접 할 때 크랙을 기준으로 가장 구별하기 쉬운 시나몬 로스트, 시티(또는 시티-), 풀시티(또는 풀시티+)를 준비하자. 커피는 콜롬비아 커피를 택하면 무난하며, 취향에 따라 골라도 좋다.

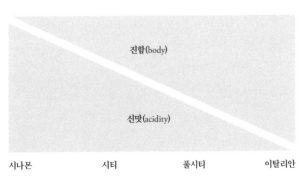

[그림 36] 로스팅 단계에 따라 신맛은 감소하고 바디감이 살아난다

샘플이 적을 때는 굳이 침출식으로 할 필요 없이 필터 드립으로 하는 것이 가루가 입으로 들어갈 일이 없어 편하다.

시나몬 로스트의 신맛이 시티와 풀시티로 가면서 얼마나 빨리 없어지는지를 먼저 확인하자. 아울러 로스팅이 강할수록 탄수화물, 당류들이 캐러멜화되며 나오는 바디감이 증가하는 것도 느낄 수 있을 것이다. 이 커핑은 본인이 좋아하는 산미와 바디의 균형점을 알아내는 것이 목적이다.

acidity(신맛)

0 안 느껴짐 - 신맛이 전혀 안남
1 희미하게 느껴짐 - 신맛이 희미하게 남
2 조금 느껴짐 - 신맛이 조금 느껴짐
3 느껴짐 - 신맛이 남
4 확연히 느껴짐 - 신맛이 많이 느껴짐
5. 과하게 느껴짐 - 너무 신맛

body(쓰고 진한 맛)

0 안 느껴짐 - 너무 연하며 쓴맛이 전혀 안남
1 희미하게 느껴짐 - 연하며 쓴맛은 희미하게 남
2 조금 느껴짐 - 뭔가가 녹아 있는 질감과 살짝 쓴맛이 느껴짐
3 느껴짐 - 조금 진하며 쓴맛이 느껴짐
4 확연히 느껴짐 - 진하며 쓴맛이 많이 남
5. 과하게 느껴짐 - 너무 진하고 씀

추출 방식에 따른 맛의 변화

추출 방법에 따른 커핑 샘플은 로스팅과 관계없이 한 가지만 있으면 된다. 다만 로스팅한 지 너무 오래되지 않은 커피를 준비하자. 필터 드립, 플런저, 모카포트, 에어로프레스, 에스프레소 머신이 있으면 좋겠지만 없다면 필터 드립과 에스프레소 머신만 가지고 커핑을 해봐도 된다. 드립 방식과 에스프레소가 커피 오일에서 느껴지는 향의 차이가 가장 크기 때문이다. 에스프레소 머신이 없다면 에어로프레스로 대체해도 좋다. 이보다 더 쉬운 방법은 소규모 커피숍에 가서 에스프레소로 추출한 카페 아메리카노와 같은 원두를 필터 드립으로 내린 커피를 주문해서 마셔보는 것이다. 이때 로스팅 단계를 확인하는 것도 잊으면 안 된다. 대형 매장에서는 표준화된 메뉴만 제공하므로 이런 주문이 불가능할 수도 있다.

원산지가 다른 커피 커핑

같은 단계로 로스팅한 서로 다른 원산지의 커피를 커핑한다. 샘플은 특질이 상반되며 구하기 쉬운 것으로, 신맛이 나는 아프리카의 커피와 바디가 강하며 신맛이 거의 없는 인도네시아 커피를 비교해보면 그 차이를 확연하게 느낄 것이다.

여러 가지 커피를 취급하는 커피숍이 있다면 여러 명이 서로 다른 커피를 주문해 각각의 커피의 맛과 향을 비교해보는 것도 좋은 방법이다. 생두 편에서 알아보았던 각국의 커피가 과연 그런 맛과 향이 나는지 확인해보는 것도 재미있다.

추출 시간에 따른 커핑

필터 드립의 경우 같은 원두를 같은 양의 물로 추출하되 뜸 들이는 시간과 물을 흘리는 시간에 따라 전체 추출 시간을 조절할 수 있다. 추출 조건만 약간 바꿔 추출한 커피는 커핑 중에서도 매우 까다로운 경우다. 과연 조건을 약간 변화시켰을 때의 커피 맛과 향의 변화를 알아차릴 수 있는지 실습해보자. 에어로프레스나 플런저 역시 추출 시간을 조절할 수 있으므로 이런 기구를 사용해서 커핑을 해도 된다.

추출량에 따른 커핑

모든 에스프레소 머신은 추출량을 수동으로 조절하는 버튼이 있다. 이 버튼을 이용해서 에스프레소 한 잔을 28ml(1oz), 42ml(1.5oz), 56ml(2oz), 84ml(3oz)로 양을 각각 다르게 추출하고 커핑하면 과추출에 의한 페놀 화합물(과이어콜)이 어떤 맛과 향인지 금방 느낄 수 있다. 여기서 중요한 것은 각각 다른 추출량의 네 가지 시료 중 부족한 잔에 뜨거운 물을 부어 전체 샘플의 양을 84ml로 동일하게 조정해야 한다는 것이다.

추출 방식을 필터 드립으로 할 경우에는 같은 양의 커피를 사용해 추출하되 커피의 양을 40ml, 80ml, 120ml, 160ml로 추출한 뒤 이 커피에도 뜨거운 물을 부어 모든 커피가 160ml가 되도록 해야 한다. 두 가지 커핑 모두 아주 흥미로운 커핑이니 꼭 해봐야 한다.

로스팅 시간에 따른 커핑

같은 생두를 같은 단계로 로스팅하되 센 불로 8분간 볶은 커피와 약한 불로 14분간 볶은 커피가 맛에서 어떤 차이를 보이는지 커핑한다.

커피 맛과 향의 묘사

커핑은 최종적으로는 커피가 어떤 특징을 가지고 있는지 묘사하는 일이다. 세계 커피연구기구world coffee research: 미국 스페셜티커피협회와 커피 관련 기업 30곳이 연구기금을 조성해 설립한 커피에 관한 연구 프로그램에서 정리한 관능용어sensory lexicon들과 이를 기초로 보기 편하게 도표로 만든 '커피 평가자를 위한 맛과 향의 원형표the coffee taster's flavor wheel'는 이를 위해 탄생했다.

'커피 평가자를 위한 맛과 향의 원형표' 개발의 토대가 된 세계 커피연구기구의 관능용어는 캔자스 주립대의 에드거 체임버스 Edgar Chambers에 의해 완성되었다. 그는 2016년 12월 〈관능검사 연구 저널journal of sensory study〉에 발표한 자신의 논문 '커피 추출의 기술적 감각 분석을 위한 '살아 있는' 용어집 개발Development of a "living" lexicon for descriptive sensory analysis of brewed coffee'에서 커피 관능용어는 커피나무의 번식, 재배법과 커피의 가공, 저장 및 추출 방식에 따른 기술적 차이를 결정하는 용어를 공유하기 위한 목적으로 개발되었다고 밝했다. 이를 위해 14개국에서 생산한 100가지 이상의 커피 샘플을 추출해 고도로 숙련된 평가자들이 110가지의 용어 목록과 이 용어들에 부합하는 참고물질reference material을 수집했다. 또 이들 용어를 활용하는 과정에서 검사자들이 커피의 거의 모든 특징을 파악하고 차이를 식별하고 표현하는 데 필요한 용어를 확립했다고 밝히고 있다. 체임버스는 이들 용어가 앞으로도 계속 보완될 것이기 때문에 살아 있는 용어집이라고 표현했다.

만들어진 지 20년 만에 개정된 관능용어 도표는 현실에서 자주 접하는 용어를 가능한 한 많이 사용했다. 이전의 도표는 맛과 향 용어를 분리해서 표기한 데 비해 새로운 도표는 따로 분리하지 않았다. 평가자가 커피를 마시고 느끼는 것은 최종적으로 혀에서 느끼는 맛과 후각에서 느끼는 향이 합쳐진 것이라 둘을 굳이 분리하지 않겠다는 의도다.

새로 나온 도표는 수정 없이 실어야 한다는 스페셜티커피협회의 규정 때문에 크기를 고려하면 이 책에 실어도 글씨를 알아볼 수 없어 싣지 못했다. 하지만 인터넷에서 'coffee taster's flavor wheel'을 검색하면 쉽게 찾아볼 수 있으니 이를 참고해서 '커피 평가자를 위한 맛과 향의 원형표'[8]의 새로운 용어들을 한번 살펴보자.

앞서 말했듯 체임버스는 될 수 있는 대로 우리가 일상에서 자주 접하는 용어들로 커피의 특징을 설명하고자 했다. 장미, 재스

8) http://www.scaa.org/?page=resources&d=scaa-flavor-wheel

민, 블루베리, 코코넛, 레몬, 위스키, 초콜릿, 아몬드, 아니스, 육두구, 정향 등 꽃이나 과일, 향신료 등 주로 우리가 냄새를 맡고 맛을 볼 수 있는 것들이 그 용어다. 하지만 그 밖에도 메디시널medicinal이나 뷰티르산butyric acid, 페놀phenolic처럼 여전히 어려운 용어들도 사용했다.

먼저 장미나 코코넛, 위스키 등은 우리가 쉽게 상상할 수 있다. 아니스, 육두구, 정향 등은 향신료라는 것은 알 수 있지만 우리가 잘 쓰는 향신료가 아닌 데다 그 향을 말로 표현하기는 힘들기 때문에 향을 맡아보고 맛을 보는 수밖에는 없다. 큰 식품 매장의 향신료 코너에서 쉽게 구할 수 있는데, 맛과 향을 느끼는 순간 왜 말로는 설명이 불가하다 했는지 금방 공감할 것이다. 이보다 더 어려운 전문 용어들은 좀 더 설명이 필요하겠다.

메디시널은 병원에 들어서면 나는 크레솔 같은 소독약 냄새다. 아세트산은 식초의 맛과 톡 쏘는 냄새다. 뷰티르산은 상한 우유 냄새로, 가끔 사용되는 파르메산 치즈의 고릿한 냄새라는 표현은 좋은 쪽이고 배설물 냄새 등 역한 냄새에 가깝다. 아기가 우유 먹고 토했을 때 나는 냄새가 가장 비슷하다. 이소발레르산isovaleric acid은 땀에 찌든 냄새다. 땀에 젖은 옷을 며칠 방치했을 때 나는 냄새와 가깝다. 구연산은 식품 첨가제로 새콤함을 더해주는 신맛이다. 아세트산처럼 휘발성이 있지 않아 톡 쏘는 맛은 없다. 말산은 사과의 새콤함을 내주는 맛, 페놀은 이 책에서 자주 언급된 리그닌이 열분해된 과이어콜의 연기 냄새, 탄 냄새다. 고기수프meaty brothy는 소나 닭의

뼈를 고아낸 맛이다.

개정된 도표에서 많은 용어를 실생활에서 흔히 접할 수 있는 물질로 대체했다고 함에도 불구하고 아세트산, 뷰디르산, 이소발레르산, 구연산, 말산 같은 일반인이 쉽게 접할 수 없고 표준물질을 구해야 맛과 향을 볼 수밖에 없는 산들은 왜 직접 표기했을까? 처음 표를 접하고 이런 의문을 가졌지만, 이는 용어의 혼선을 피하기 위해 아예 표준물질을 검사자들에게 제공하고 이들 냄새를 검사자들이 같은 용어로 사용하기 쉽게 하기 위한 목적이라고 생각하게 되었다.

13. 커피의 교역과 가격

커피는 농산물이어서 그해의 작황과 수요에 따라 가격이 변동한다.

최근 커피 재배에 적합한 토지 면적 감소와 함께 기후 변화가 커피 가격 상승의 주요 원인이 되고 있다. 커피 생산지 전체를 놓고 볼 때 해마다 일부 국가나 지역에서 냉해를 입었다든지, 더운 날씨로 인해 커피나무에 병이 들어 생산량이 감소한 경우가 꾸준히 있어왔다. 강수량이 줄어 피해를 본 경우도 많다. 최근 이런 재해가 일부에 그치는 것이 아니라 전 세계적 문제가 되고 있다는 점에 주목해야 한다. 거의 모든 국가가 1960~2011년 사이에 상당한 온난화를 겪었으며, 커피에 관한 한 지구 온난화는 이제 남의 이야기가 아니게 되었다.

장기적인 전망 또한 낙관적이지 않다. 세계 커피연구기구의 이사인 팀 실링tim schilling 박사는 기후 변화, 질병 및 해충, 토지 감소, 노동력 부족으로 고품질 커피의 공급이 심각하게 위협받고 있는데 비해 수요는 매년 증가하고 있어 공급 감소 가능성에 직면한 고품질 커피에의 가격이 상승이 불가피하다고 전망한다.

전 세계의 커피 거래

1882년 뉴욕시 커피 거래소coffee exchange in the city of new york에서 커피가 선물로 거래되기 시작했다. 1914년에는 설탕이 추가되었고 1979년에 코코아 거래소와 합병되어 CSCEcoffee,sugar and cocoa exchange, 커피 설탕 코코아 거래소가 되었다. 여기에 더해 1998년 뉴욕 면화 거래소와 합병되어 뉴욕무역위원회 산하 독립 거래소가 되었다. 2007년에는 뉴욕무역위원회가 대륙 간 거래소ICE: Intercontinental Exchange에 합병되었다.

커피 교역은 대표적으로 미국 커피거래소와 유럽 커피거래소에서 이루어지며, 그 밖에 커피를 선물 거래 하는 다른 국제 거래소는 싱가포르 상품거래소(로부스타), 브라질의 상품 및 선물 거래소 등이 있다.

[그림 37] 커피는 60kg 백에 담겨 전 세계로 거래된다

미국 커피거래소

미국 커피거래소ICE Futures US에서 거래되는 커피의 시세는 나스닥nasdaq의 선물거래 부분에 들어가서 기준가격benchmark price을 볼 수 있다. 여기서 사용하는 기준가격 커피 'C'Coffee C® 가격은 아라비카 커피 주요 수출국 19개국의 인증을 받은 커피 창고로부터 유럽과 미국으로 수출된 실거래 가격의 평균이며, 1파운드453.6g당 미국 센트로 표기된다.

커피의 교역량이 석유 다음으로 많고 기후에 따른 생산량의 변화가 심하기 때문에 커피를 파는 사람과 사는 사람 모두에게 합리적인 가격에 대한 요구가 생기면서 등장한 것이 커피 C® 시세다.

- 커피 선물 계약의 단위는 3만 7,500파운드이며 KC로 표기한다.
- 커피 상품 거래는 현재는 인터넷으로 이루어지는 온라인 소프트웨어가 개발되어 전자 방식으로 이루어진다.
- 커피 선물 가격은 파운드당 센트로 표시되며 최소 가격 변동은 계약 단위(KC)인 3만 7,500파운드당 18.75달러로 1파운드당 0.05센트다.
- 1센트의 가격 변동이 생기면 단위 계약당 375달러의 변동이 생긴다.
- 커피 선물 계약은 3, 5, 7, 9, 12월에 이루어진다.

커피 생두 구매량과 액수가 증가할수록 이 그래프를 눈여겨 봐야 한다. 나스닥 그래프를 보면 아라비카 커피 기준가격은 2011년 중반 파운드당 320센트로 최고점을 찍은 후 계속 하락하고 있다. 2014년 중반 220센트로 일시적으로 상승했지만 2016년 초반 110센트 근처로 계속 하락하는 추세에 있으며, 이 가격은 2013년 가을 100센트의 최저가에 거의 근접한 가격이다.

유럽의 커피 거래

유럽의 커피 선물은 유로넥스트Euronext: 프랑스 파리·네덜란드 암스테르담·벨기에 브뤼셀 등 유럽 3개국의 통합증시와 런던 국제금융 선물거래소에서 거래된다.

- 커피 선물 계약의 규모는 최소 10톤이다.
- 커피 선물 가격은 톤당 미국 달러로 표시되며, 최소 가격 변동은 톤당 1달러 또는 계약금(최소단위 계약)에 대해 10달러다.
- 계약한 커피의 배달은 1, 3, 5, 7, 9, 11월이며 거래 가능 기간은 10개월이다.

로부스타 커피의 경우 런던 국제금융 선물거래소에서 선물 기준가격이 형성된다.

커피 한 잔의 가격

생두의 수분 함량은 보통 12% 이하다. 로스팅하면 수분이 증발되고 탄수화물이 열분해되며 연기가 되어 날아가, 단계에 따라 차이가 있지만, 중 로스팅의 경우 18%가량의 중량 손실이 생긴다. 1kg의 생두를 볶으면 약 로스팅일 경우 17%에서 강로스팅일 경우 20%의 무게 손실이 생기므로 830~800g의 원두를 얻게 된다. 생두 1kg에 8,000원짜리 커피는 볶은 후에는 원가가 1만 원이 되는 것이다.

원가 외 나머지 부분은 생산자의 직간접비용과 이윤 그리고 유통에서 발생되는 판매자의 수수료 및 이윤이 차지한다. 생두 가격이 수만 원~수십만 원에 이르는 비싼 커피를 제외하면 대략 생두 구

[표 7] 2011-2012년 기준 미 농무부 추산 국가별 커피 수입량

1	유럽연합	2,580,000톤
2	미국	1,290,000톤
3	일본	150,000톤
4	스위스	138,000톤
5	알제리	121,500톤
6	캐나다	120,000톤
7	한국	120,000톤
8	러시아	102,000톤
9	말레이시아	60,000톤
	기타	499,200톤

자료출처: 미국 농무부

입 가격의 3배가 수십kg 단위의 대량 판매 가격이다.

200g 내외의 소량 판매 가격은 택배비용, 포장비, 인건비, 장소 임대료, 로스터 등 각종 기계의 감가상각비 등이 높은 비율을 차지하므로 생두 가격의 4~5배에 이르게 된다.

이런 원칙과 비교하면 우리나라의 경우 소매가격이 아주 조금 더 비싼데 그것은 우리나라의 생두 판매 시장이 아직은 외국, 특히 미국에 비해 작아서 수입 시 같은 생두라도 5~7% 더 지급해야 하는 탓이 크다. 2017년 말에 커피를 직접 사오는 국내 커피 수입상들은 같은 커피라도 우리나라가 받는 오퍼 가격offer price: 수출상이 제시하는 가격이 다른 주요 커피 수입국에 비해 조금 비싼 것 같다고 입을 모은다.

국제커피기구International Coffee Organization, ICO　국제커피기구는 국제 커피 공동체를 위해 유엔의 후원하에 만들어진 정부 간 기구다. 1963년에 설립되었으며, 커피 관련 문제와 시장 상황에 대한 의견을 교환하기 위해 생산국과 소비국을 하나로 모으는 독보적 기구로 커피 생산 및 소비 회원국 55개국이 소속되어 활동한다. 국제커피기구는 국제 커피 생산 및 출하량에 대한 통계를 작성하고 국가 간 커피 거래를 촉진하며, 최신 정보 및 통계, 세계 커피 경제에 도움이 되는 프로젝트, 커피 시장 보고서 및 경제 연구 커피 부문 금융 상담, 컨퍼런스 및 세미나도 진행한다.

우리나라는 아직 가입하지 않았지만 소비가 급성장하는 주요 수입국으로서 2012년 기준 유럽연합을 한나라로 치면 세계7위 하루 빨리 가입해 우리가 가진 수입국으로서의 권리와 목소리를 높여야 한다.

유럽연합을 하나의 나라로 봤을 때 우리나라는 전 세계 아라비카 커피 수입국 중 당당히 7위의 국가다 2012년 기준. 이에 마땅한 대우로 더 질 좋은 원두를 더 저렴한 가격에 맛보기를 기대해본다.

새로운 커피 거래의 출현:
컵 오브 엑셀런스

커피 가격을 이야기할 때 빼놓을 수 없는 것이 우수커피경연인 컵 오브 엑셀런스COE다. 1999년 브라질에서 우수커피연합Alliance for Coffee Excellence, ACE에 의해 시작되었으며, 커피 산업에서 생산자들로 하여금 우수한 품질의 커피를 생산해 그 품질에 상응하는 가격을 받으려는 노력의 일환으로 탄생했다.

이전에는 대부분의 커피가 시장 가격으로 판매되고 다른 로트lot와 혼합되어 대형 커피 회사에 판매되는 일반상품으로 취급되었다. 결과적으로 대부분의 농민은 고품질의 커피를 생산해도 좋은 가격을 받을 기회가 없어 원두 품질 개선의 동기가 없었다. 이런 풍조에서 우수커피경연은 잘 알려지지 않은 지역을 대표하는 고품질의 커피를 발굴해 우수커피연합의 온라인 경매로 판매함으로써 커피 생산자에게 높은 가격으로 보상할 수 있는 기회를 제공했다. 좋은 품질의 커피에 높은 가격을 보상하는 이런 거래 모형은 스페셜티 커피에 대한 수요와 공급을 증가시켜 선순환구조를 만들었다.

2017년 기준 이 프로그램을 도입한 국가는 브라질, 콜롬비아, 멕시코, 코스타리카, 엘살바도르, 과테말라, 온두라스, 니카라과, 페루, 부룬디다. 국가별로 개최된 COE 대회에서 86점(2018년에는 87점으로, 대회마다 차이가 있음) 이상을 획득한 커피는 'COE 커피' 타이틀을 얻는다. 이들 중 국제 심판단과 자국 심판에 의해 최종 우승자를 가린다. 대회에서 상위 입상한 농장의 커피에 한해 인터넷 경매로 거래가 이루어진다.

커피 생산자인 농부들로 하여금 노력한 만큼 커피 품질을 인정받고 이에 합당한 값을 제공한다는 것은 무척 고무적인 일이다. 하지만 COE커피는 공급이 한정적이기 때문에 경매에 의해 가격이 너무 높게 형성되는 문제가 있다. 파나마의 에스메랄다 게이샤가 대표적인 사례. 또한 국가별 전체 농가에 비해 혜택이 돌아가는 농장의 수가 40군데 농장에 불과하다는 점이 아쉽다. 예를 들어 콜롬비아만 해도 전체 농장 수가 50만 곳을 넘는다.

커피 생산자에게 더 나은 생활을 제공하는 것은 이렇게 치열한 경연을 통해서는 이루어지기 힘들다. 오히려 경연에 떨어진 농장주는 박탈감을 얻을 수도 있다. 지금까지 경매라는 방식을 통하지 않더라도 좋은 커피에 합당한 가격을 지급하는 사례가 커피 전시회를 통해 세계 도처에서 있어왔다. 경연과 경매라는 제도가 전체 커피 재배 농가와 세계 대다수 커피 수요자들에게 이로운 결과를 줄지는 좀 더 시간을 가지고 지켜볼 일이다.

커피 애호가들은 커피에 관심을 갖기 시작한 처음 몇 년은 최상의 커피를 마셔보고자 하는 열망에 사로잡히기 마련이다. 하지만 적정한 가격에 최고의 커피를 찾고 맛보는 것이 이 책이 추구하는 바이고, 또 커피 소비자가 해야 할 일이다. 비싸고 좋은 커피는 앞으로도 계속 생산될 것이다. 하지만 적당한 가격에 좋은 품질의 커피를 즐기는 것이 가장 합리적인 선택임을 잊지 말자.

14. 원두 잘 고르는 법

집에서 커피를 마시려고 할 때 다양한 원두 중에 어떤 원두를 골라야 할까? 커피를 판매하는 곳의 진열대에는 온갖 커피들이 대부분 내용물을 볼 수 없게 포장되어 있다. 정보 역시 충분하지 않아 포장에 쓰여 있는 것만 보고 좋은 커피를 고르는 것은 요행에 가까운 일이 될 수도 있다. 커피에 대해 많이 알수록 성공 확률은 높아지겠지만 그래도 어려운 것은 생산자가 처음부터 소비자에게 많은 정보를 주려고 하려고 하지 않기 때문이다. 그래서 여기서는 간단한 팁을 제공하고자 한다.

로스팅한 지 얼마 안 된 커피

커피도 시간이 지남에 따라 품질이 변하는 식품이라서 봉투에 제조일자나 유효기간을 표시하는 것이 의무다. 로스팅을 전문으로 하는 곳에서 주문 생산하는 커피는 예외다. 알루미늄 박막에 비닐수지를 코팅한 봉투 포장에 대부분 1년의 유통기한을 표시하므로 이를 역산해서 제조일자를 알 수 있다. 될 수 있는 대로 유통기한이 많이 남은 제품을 고르도록 한다. 시간이 지날수록 커피 오일이 산패하고 가스 상태의 향기가 날아가는 등 긴 유통기한이 커피에 주는 바람직하지 못한 영향은 아주 많다. 거기다 신맛 역시 로스팅 후 3주 정도 지나면 많이 사라진다.

추출 방식에 맞는 커피

필터 드립으로 추출할지 에스프레소 머신을 이용할지 정한 뒤에 커피를 구매해야 한다. 필터 드립 커피를 추출할 경우 시티 로스트 이상의 원두를 구입하면 떫고 커피를 구성하는 목질의 탄 맛이 나기 시작하며 로스팅 단계가 올라갈수록 심해진다. 하지만 커피의 성분이 로스팅 과정을 통해 캐러멜화되어 나타나는 바디감은 약로스팅에서는 맛보기 힘들다. 따라서 필터 드립으로 추출하는 경우의 한계는 시티+ 이하가 적당하다.

반면에 에스프레소 추출의 경우 하이 로스트 이하는 신맛이 너무 두드러지고 신맛을 감추어줄 바디감은 없으므로 매우 신맛과 혀를 강하게 자극하는 아린 맛이 느껴지는 에스프레소가 된다. 뜨거운 물로 희석해 아메리카노 커피를 만들면 쓴맛이 전혀 없고 시기만 한 밍밍한 커피가 된다. 에스프레소 추출이라면 시티 로스트 이상을 구입해야 한다. 우유를 섞는 카페라테, 카푸치노를 만든다면 풀시티 이상을 권한다. 아이스커피 또한 풀시티가 잘 어울린다. 시티와 풀시티로 볶은 커피 모두 마셔보고 마음에 드는 로스팅 단계를 결정하자.

백화점, 마트, 편의점 등에서 판매하는 제품은 기성품이다. 커피는 로스팅 단계가 높으면 변질되는 속도도 빨라지므로 기성품의 경우 약하게 볶은 커피일 확률이 매우 높다. 다행히도 요즘은 소비자의 주문을 받은 뒤 로스팅하고 배송하는 커피 로스터리들이 많이 생겨나고 있다. 소규모 로스터리들은 주문받은 수량을 모아 볶기 시작해 배송한다. 이들이 판매하는 커피는 유통기간의 문제는 없으며, 로스팅 역시 중간 단계 이상이다.

3주 소비량

원두의 유통기한은 대체로 1년이지만 이것은 마실 수 있는 유통기한으로, 최고의 품질을 제공하는 향미 유지기간과는 다르다. 더구나 커피를 사서 개봉하면 공기와 접촉이 더 많아져 변질되는 속도도 빨라질 수 있다. 상추처럼 며칠 안에 먹어야 하는 채소는 아니더라도, 적어도 호박이나 파의 신선도를 커피에 적용해서 구매량을 조절하기를 권한다. 대략 3주 정도 생각하면 좋겠다. 또한 커피를 사서 보관하는 것도 중요한데 이는 다음 장에서 더 자세하게 다룰 것이다.

구입한 커피를 개봉했을 때 우리가 기대하는 것은 향긋한 커피 향이지 기름 냄새나 찌든 담배 냄새가 아니다. 하지만 불행히도 모든 시티 로스트 이상의 커피는 시간이 지날수록 커피 오일이 표면으로 배어 나오며, 공기 속 산소와 결합해 산패취를 낸다.

시티 로스트는 4~5일이 지나면 상당량의 커피 오일이 표면으로 올라온다. 이와 같은 상태가 되기까지 시티+는 이틀, 풀시티는 24시간, 풀시티+는 몇 시간밖에 걸리지 않는다. 표면으로 올라온 커피 오일의 산패를 막을 방법은 없지만, 다행인 점은 커피 오일 전체로 볼 때 표면으로 올라온 양은 아주 소량이다. 대부분의 커피 오일과 향은 커피 세포 내부에서 산소와 만나지 않은 상태로 존재한다. 커피를 분쇄해보면 향긋한 커피 향과 함께 이 사실을 알 수 있다. 커피 내부에 있던 커피 오일의 향과 기체 상태의 향이 표면에 있는 커피 오일의 산패취를 압도하는 것이다.

내부의 커피 오일과 향도 한 달 이상 지나면 내부까지 산패가 진행되어, 오일로 인해 번들거리던 표면도 광택이 사라진다. 이런 원두로 추출하면 커피에서도 산패취가 느껴진다. 이 때문에 3주 분량의 커피 구매를 권하는 것이다.

처음에는 두 종류씩

한 번에 두 종류씩 구입해보자. 이것은 자신에게 가장 잘 맞는 커피를 찾기 위한 과정이며, 커피 맛을 더 잘 알기 위한 방법이기도 하다. 인간의 미각과 후각의 기억은 며칠 지속되지 않기에 두 가지를 비교하며 마셔봐야 이를 더 오래 기억할 수 있기 때문이다. 또 마음에 드는 커피를 만나기 위해서는 커피를 많이 마셔봐야 한다. 지금 가장 마음에 드는 커피가 있더라도 세상의 많은 커피 중에는 내 입맛에 더 잘 맞는 커피가 얼마든지 있을 수 있다.

로스팅 단계가 다른 두 종류를 사는 것도 좋은 방법이다. 연하게 볶은 것과 강하게 볶은 것을 구입해서 본인이 좋아하는 로스팅 단계를 찾아보자.

자신이 좋아하는 커피가 생기면 그 뒤에는 좋아하는 커피와 새로운 커피를 구입해서 비교해보자. 이것이 맛을 테스트하는 신뢰성 높은 방법이다. 그러다 정말 나에게 딱 맞는 커피를 찾게 되면 두 종류씩 구입할 필요가 없어진다.

분쇄되지 않은 원두

로스팅된 원두로 맛있는 커피를 만들기 위한 가장 첫 번째 규칙은 마시기 직전에 커피를 분쇄하는 것이다. 그라인더가 없다면 조금 투자를 해서 마련하고, 그때그때 가는 게 귀찮더라도 맛있는 커피를 생각하면서 극복하자. 커피는 분쇄하지 않았을 때는 치밀한 외부 조직 때문에 향이 쉽게 날아가지 못한다. 하지만 일단 분쇄하면 맛이 수십 배 빨리 변질되고 향은 그야말로 순식간에 날아가 버린다. 그라인더는 커피를 마실 때 꼭 필요한 도구처럼 생각되지 않지만, 맛있는 커피를 위한 가격 대비 최적의 투자가 틀림없다.

100% 아라비카 커피

요즘은 생산자가 식품위생법상의 표시의무사항이 아니지만 커피의 국가별 종류까지 표기하는 경우가 늘고 있다. 좋은 원두를 사용했다면 소비자들에게 알리고 싶은 것은 당연하다. 따라서 '100% 아라비카'라고 표시된 커피는 적어도 로부스타가 포함되지 않았으니 안심하고 구입해도 좋다.

커피 라벨을 모은다

라벨을 모으면 맛있는 커피를 샀던 기억을 잊어 안타까워할 일이 없다. 처음 1년 정도는 라벨에 구입일, 로스팅 단계(나름대로 판단해서 기록한다), 원산지, 맛과 향에 대한 평가를 '좋다' '나쁘다'로 적어서 보관하자. 라벨 몇 개만 모아보면 본인이 어떤 로스팅을 선호하는지 어느 지역의 커피를 좋아하는지 알 수 있다.

15. 포장과 보관

커피는 로스팅한 뒤 하루에서 사흘 정도를 지나야 최고의 맛을 낸다. 여기에는 세 가지 이유가 있다. 이 이유들은 앞서 한 번씩 살펴봤던 내용이지만 여기서 다시 짚고 넘어가고자 한다.

첫 번째는 볶을 때 생기는 연기 때문이다. 통 안에서 볶이는 커피의 특성상 연기가 다 빠져나가지 못해서 이 연기가 다 빠져 마실 만하게 될 때까지 두어야 한다. 이 시간이 풀시티 이상은 24시간, 그 이하는 48시간 이상이면 된다. 갓 볶은 커피를 마시면 커피 안에서 연기 냄새를 느낄 수 있다.

두 번째는 신맛이다. 프렌치나 이탈리안 로스트는 워낙 신맛이 없으니 기다릴 이유가 없지만, 그 이하의 커피는 신맛 성분의 휘발성 아세트산이 날아갈 때까지 시간이 필요하다. 풀시티는 48시간, 시티는 72시간 이상, 하이 로스트 이하는 4일 정도의 기다리는 편이 좋다.

세 번째는 진한 맛, 즉 바디의 증가 때문이다. 하이 로스트 이상의 단계에서는 로스팅 이후 날이 갈수록 원두의 색이 진해지는 것을 눈으로 확인할 수 있다. 시티 로스트를 기준으로 볶은 후 3일을 정점으로 향이 줄어드는 걸 느낄 수 있지만 색은 계속해서 진해지다가 10일 정도 지나면 향이 많이 줄어들고 색도 더 이상 진해지

지 않음을 알 수 있다. 이 단계를 넘어서면 커피는 맛과 향을 모두
잃어버리는 단계로 접어든다. 이렇게 나빠지는 시간을 늦춰야 하는
게 보관과 포장의 목적이다.

커피의 보관

　　원두의 신선도를 방해하는 요인은 공기, 습기, 열, 빛이다.

　　이 가운데 공기는 산소가 커피 속 향기 성분과 맛의 성분을
산화시키려는 것을 의미한다. 습기는 공기 속 산소보다 더 많은 산
소와 접촉할 가능성을 제공하며, 열은 커피의 종자유 성분인 트리글
리세라이드와 그 속에 녹아 있는 각종 향기 성분들이 휘발되는 속
도를 높인다. 빛 중에서도 자외선은 매우 강한 화학적 변화를 일으
키는 촉매 역할을 해서 커피가 가지고 있는 맛과 향 성분 모두를 빠
르게 변화시킨다.

　　공기와 수분의 접촉을 차단하기 위해 밀폐된 용기에 담아야
하며, 빛을 차단하기 위해 투명한 용기보다는 색이 있거나 빛이 없
는 곳에 보관해야 한다. 또 보관하는 곳은 서늘해야 한다. 즉 화기
옆이나 태양 빛이 들어오는 곳은 피해야 한다.

　　커피의 소매 포장은 알루미늄 소재의 봉투를 사용하는데,
여기서 굳이 원두를 꺼내 일반 용기에 옮기는 것은 좋은 방법이 아
니다. 차라리 원두를 덜어낸 부분만큼 접어서 공기를 뺀 뒤 클립으

로 밀봉하는 것이 좋다. 불투명한 밀폐식 통에 보관하는 것도 방법이지만, 커피가 줄어들수록 비는 공간을 줄일 수 없어 공기 접촉이 일어나며, 커피에서 나오는 산패취가 통에 배고, 통이 커피 오일로 번질거리게 된다.

가장 좋은 보관법은 적당한 양을 구입하는 것이다. 어쩔 수 없이 3주 이상의 양을 구입한다면 2주씩 마실 양으로 원두를 나눠서 한 봉지는 실온에 두고 나머지는 냉동실에 보관하자. 냉동하면 원두 내부의 압력을 떨어뜨려 커피 오일이 밖으로 나와 산패되는 과정을 늦출 수 있기 때문이다. 또한 커피 오일은 식물성 기름이므로 4℃ 이하의 냉장고 및 냉동고 안에서 굳어져 커피 내부의 미세한 구멍을 통과하기 어려워진다.

한 봉지를 다 소비하면 다음 봉지를 꺼내 실온에 보관한다. 한번 냉동했다 해동한 커피는 다시 냉동하지 않는다. 모든 식품이 그렇듯 해동할 때 표면에 수분이 생기는데 이를 다시 얼리면 향기를 보관해서 얻는 것보다 수분이 함께 얼어서 잃게 되는 것이 더 많기 때문이다.

커피를 냉동 보관하는 방법에 대해서는 의견이 분분하다. 그중 가장 큰 원인이 흡습성이다. 커피를 추출하고 난 원두 찌꺼기를 냉장고의 탈취제로 사용하는 사람들이 많다. 이는 커피가 흡습성이 커 습기 및 냄새를 흡수하기 때문이다. 거기다 냉동고라도 산소는 있기 때문에 느리지만 변질이 진행될 수 있으므로, 냉장고에 보관할 때는 반드시 밀폐해야 한다.

커피의 포장

커피의 포장은 커피의 맛과 향기를 보존하고 햇빛, 습기 및 산소로부터 보호하는 중요한 역할을 한다. 시중에서 쉽게 볼 수 있는 커피 포장을 살펴보자.

밸브가 붙은 봉투 vs. 진공포장

진공으로 밀봉된 봉지는 일반적으로 볶은 원두를 포장하는 데 좋지 않은 방법으로 여겨진다. 진공포장을 하기 위해서는 커피를 분쇄한 뒤 며칠을 두고 커피 속 가스를 날려 보내야 하기 때문이다. 이때 커피의 섬세한 맛을 좌우하는 향도 함께 날아가 버린다.

그렇다고 자외선과 습기, 산소에 노출되도록 포장하지 않은 상태로 둘 수도 없다. 이때 가장 좋은 방법이 밖으로만 공기가 배출되도록 하는 밸브를 붙여 가스를 배출할 수 있도록 한 밀봉 포장이 좋은 방법이다.

포드(캡슐)커피 장단점

커피 가루를 포장해 일회용 용기에 담은 캡슐커피, 또는 포드커피는 빠르고 간편하게 에스프레소를 추출할 수 있으며, 맛이 일관되게 추출할 수 있는 장점이 있다. 반면에 포드로 포장하기까지 시간과 비용이 들어가며 분쇄해서 바로 만드는 에스프레소 커피에 비해 아무래도 품질이 떨어질 수밖에 없다. 거기다 개별 용기 포장

[그림 38] 밸브가 붙은 봉투

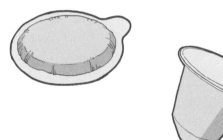

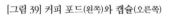

[그림 39] 커피 포드(왼쪽)와 캡슐(오른쪽)

에 자원이 낭비된다는 단점도 있다.

가압 포장 또는 질소 충전 포장

일반적인 진공 포장으로는 커피를 장기간 보관할 수 없다. 부드러운 봉지에 포장된 커피는 더욱더 그러하다. 따라서 갓 볶은 커피를 천연의 비활성 질소와 함께 캔에 압력을 가해 넣는 방법이 개발되었다. 이 방법은 향을 유지하는 데 일반 포장보다 유리하며, 8~18개월까지도 보관이 가능하다고 보고된 연구도 있다.[9]

하지만 굳이 커피를 이렇게까지 장기간 보관할 필요는 없다. 이는 브랜드 커피를 수출하기 위해 장기 유통을 전제로 개발된 방식이다.

9) M.C. Nicoli and O. Savonitti, Physical and chemical changes of roasted coffee during storage.

16. 커피와 건강

커피는 기호식품이지만 항상 화제가 되는 것은 커피가 건강에 이로운가 해로운가 하는 이슈다. 그도 그럴 것이 커피는 최초로 발견된 이후 각성 효과로 인해 오랫동안 약으로 사용되었다. 약이 아닌 기호음료로 취급받기 시작한 것은 11세기 초 아라비아의 의사들이 커피가 '위장의 수축을 부드럽게 하며 각성 효과가 있다'고 발표하면서부터다.

그럼에도 현대에 커피는 여전히 건강과 떼려야 뗄 수 없는 사이로, 학계에서 커피와 건강에 관한 각종 논문이 발표되는 등 커피가 건강에 미치는 영향에 대한 관심은 갈수록 높아지고 있다. 특히 하루가 멀다 하고 커피가 건강에 이롭다는 기사와 해롭다는 기사가 경쟁적으로 올라오고 있으니 어떤 기사를 믿어야 할지 혼란스럽다. 이런 혼란을 최소한으로 해소하고자 나는 여기서 다양한 논문을 조사해 커피가 건강에 어떤 영향을 미치는지 살펴보고자 했다. 내가 조사한 논문은 높은 신뢰도를 지닌 학회지에 실린 것들로, 핵심 내용만을 요약했음에도 내용이 쉽지 않다. 그래서 우선 커피를 마시면 도움이 되는 질환과 질병, 커피와 관련 없는 질환, 주의해야 할 질환에 대해 먼저 요약하고 이야기를 시작해볼까 한다.

주의할 점은 커피가 건강에 유익할 수도 있다는 연구 결과를

설탕과 우유(유지방)가 포함된 커피 음료로 확대해서 해석해서는 안
된다는 것이다.

커피와 각종 질환과의 관계

- 심혈관 질환: 하루 3~5잔의 블랙커피를 마시는 사람의 심
  혈관 발생률이 가장 낮다. 5잔 이상을 마시는 사람도 한
  잔도 안 마시는 사람에 비해 위험도가 낮다.
- 뇌졸중: 하루 2~6잔의 커피를 마신 사람이 한 잔도 안 마
  신 사람에 비해 뇌졸중의 위험이 낮다는 결과를 보였다.
- 심장 마비: 커피를 적당히 마시면 심장 마비 위험성을 낮
  추며, 하루에 4잔을 마시는 사람이 위험도가 가장 낮았
  다. 하루 10잔 이상 마시는 경우 역효과가 나타났다.
- 간암: 커피를 마시는 사람은 커피를 마시지 않는 사람에
  비해 40% 가까이 간세포 암종의 위험을 줄일 수 있으며,
  커피가 간 효소와 간경화의 진행에 작용하고 그 결과 간
  암의 발병을 억제한다.
- 전립선암: 커피와 전립선암 발병 위험은 관련이 없다.
- 유방암: 커피 음용이 유방암의 전반적인 위험과 관련이
  없음을 시사했다. 커피를 많이 마시거나 마시는 양을 늘
  리면 에스트로겐 음성 유방암 위험을 줄일 수 있는 가능

성을 제시했다

● 폐암: 비흡연자의 커피와 폐암 발병률 사이에는 아무런 상관이 없었다.

● 모든 종류의 암: 커피 음용은 암 발병에 해로운 영향을 미치지 않는 것으로 확인되었다. 오히려 커피가 방광암, 유방암, 구강암 및 인두암, 대장암, 자궁내막암, 식도암, 간세포암, 백혈병, 췌장암 및 전립선암의 위험과 반비례한다(앞의 전립선암과 별도의 연구 결과).

● 간 질환: 간 질환자의 경우 간경변으로의 진행을 늦추는 효과를 나타냈다. 간경변증을 앓고 있는 환자의 경우는 사망 위험과 간암으로 진행되는 비율을 낮추는 결과를 보였다. C형 간염 환자의 경우 항바이러스 요법에 대한 반응이 개선되고 비非알코올성 지방간 질환자의 경우 더 나은 결과가 나타났다.

● 파킨슨병: 커피 음용이 파킨슨병의 위험을 낮추는 것으로 나타났다.

● 기억력 감퇴: 차, 커피 등의 카페인 섭취가 기억력 감퇴 증상을 낮춘다.

● 알츠하이머치매: 커피 음용이 알츠하이머의 위험과 반비례한다고 할 수 있는 효과들이 있다.

● 제2형 당뇨병: 적어도 하루 6~7잔의 커피를 마시는 사람에게서 가장 낮은 상대 위험도(약 3분의 1 감소)로 2형 당뇨

병 발병 위험이 현저히 감소한 것으로 나타났다. 디카페인 커피도 마찬가지 결과로 나타났다.

- 긴장감과 수면 장애, 불면증: 커피 속 카페인은 각성제이므로 두통, 긴장 및 현기증, 수면 장애의 원인이 될 수 있다. 카페인 민감성이 높은 사람들에게는 더 현저하게 나타난다.

- 카페인과 노년층 여성의 골 손실: 하루 3잔을 초과한 커피를 마시는(카페인 기준 하루 300mg) 폐경기 노년의 여성(실험 대상은 65~75세)은 카페인으로 인해 척추 골 손실이 가속화할 가능성이 있다. 이 정도의 커피를 마시는 여성이 칼슘에 대한 카페인의 영향을 상쇄하기 위해서는 적어도 매일 800mg의 칼슘을 섭취해야 한다.

- 위장 장애: 커피는 위산 분비를 촉진한다. 건강한 대상자들을 대상으로 한 다변수 분석에서 커피 음용과 위·식도 역류 질환 사이에 연관성을 발견하지 못했다. 커피와 위궤양, 십이지장궤양의 위험성은 관련이 없었다. 반면 커피를 마심으로써 얻을 수 있는 휴식 효과, 항산화 효과, 식물성 화학phytochemical물질 효과가 위산 분비 증가로 인한 부정적 위험을 상회할 수 있다고 보인다.

- 고혈압: 커피는 혈압을 급격히 높이는 것으로 알려져 있지만, 습관적 커피 음용이 혈압에 미치는 영향은 분명하지 않다. 커피 음용과 고혈압의 위험에 관해 커피 음용에 관

한 권고안을 마련할 수 없다. 또 카페인을 섭취(경구 투여)하면 혈압이 상승하지만 커피를 통해 카페인을 섭취할 경우 혈압 상승에 미치는 영향은 적다.

● 콜레스테롤: 플런저로 추출한 커피를 매일 마실 경우에 한해 혈중 콜레스테롤 증가에 주의를 기울일 필요가 있다. 특히 관상동맥 심장 질환이 의심되는 경우라면 플런저로 추출한 커피는 피해야 하겠다.

● 임신: 하루에 카페인 200mg 또는 커피 340ml 두 잔 정도에 포함된 카페인양은 유산, 조산 또는 태아의 발육에 큰 영향을 미치지 않는다고 보고되었다.

● 비만: 커피에 우유와 설탕, 초콜릿 등을 넣기 전까지는 칼로리를 걱정하지 않아도 된다. 170ml 블랙커피 한 잔은 7칼로리에 불과하다. 따라서 설탕과 크림에 주의해야 한다. 커피가 건강에 미치는 효과를 모두 없애지는 않겠지만 너무 많은 설탕 및 지방질은 건강을 해치는 주범이 될 수 있다.

● 커피와 원인 불문 사망률: 커피를 마시는 사람과 마시지 않는 사람의 단순한 확률 비교 시 커피를 마시는 사람의 사망 확률이 낮았다.

커피와 건강에 관한 내용은 매우 신중하게 다루어져야 하는 부분이기에 여기서는 커피와 건강과의 연관 관계를 연구한 의학(병리학, 약학 포함) 분야 최신 연구 결과를 위주로 소개한다. 연구 논문의 경우 제목, 게재한 저널, 게재 일자, 주 저자(소속)만을 표기했다. 동일한 저자가 서로 다른 분야의 논문을 발표한 경우도 있는데 이런 경우는 이들의 전공이 의학 중에서도 메타 분석 전문이기 때문이다.

연구 내용을 살펴보기에 앞서 연구 결과의 근거가 되는 메타 분석이 무엇인지 미리 알면 이해하기 쉬울 것이다. 우리가 병원에 처음 가면 음주 및 흡연 여부와 빈도 등을 적는 설문지를 작성하게 된다. 또 커피를 마시면 하루에 몇 잔을 마시는지 적는 경우가 있는데, 이 자료가 메타 분석 데이터가 된다. 여러 병원과 의료 관련 네트워크의 데이터를 수년간 확보해 환자의 질환과 커피 음용 습관을 통계 내고 분석한다. 이것이 메타 분석이다.

여기에 성별, 나이, 생활습관 등 비슷한 부류의 사람들을 대상으로 해 특정 질환에 따른 커피 음용 여부를 조사하면 더욱 신뢰성 있는 연구가 가능한데 이것이 코호트 연구cohort study: 전향적 추적조사라고 한다. 전향적 연구prospective studies도 자주 나오는 연구 기법으로, 현시점으로부터 대상자를 추적 관찰하는 역학 조사의 한 분야다.

카페인의 두 얼굴

2018년 1월 어린이 식생활안전관리 특별법으로 인해 초·중·고등학교에서 커피를 판매할 수 없게 되었다. 카페인의 과도한 섭취가 어린이와 청소년의 건강에 악영향을 미친다고 판단했기 때문이다. 카페인의 좋지 않은 효과들로부터 자녀를 보호하고 싶어 하는 것은 당연하다. 성장기에 있는 아이들에게 커피를 줘도 좋다고 말할 근거 역시 없다. 카페인 민감성이 높은 사람들에게 커피는 심장을 두근두근 뛰게 만들고 신경을 예민하게 만든다. 이 책에서는 중요 질병과 커피의 상관관계를 알아보기 전에 먼저 카페인의 특징과 영향을 짚어보려고 한다.

카페인에 관해서는 수많은 학자들이 참여한 미국 보건복지부와 농무부의 〈미국인을 위한 식생활 지침Dietary Guideline for American 2015-2020, DGA〉이 가장 신뢰성이 있다. 이 지침에서는 카페인을 영양소가 아니며, 몸 안에서 흥분제로 작용하는 식이성분이라고 말한다. 카페인은 커피나 찻잎, 카카오 등에서 자연적으로 발생하며 탄산음료나 에너지음료 등 식품 및 음료에 첨가된다. 카페인이 첨가된 식품에는 라벨의 성분 목록에 반드시 명기하도록 되어 있다. 카페인이 함유된 음료마다 함유량이 다양한데, 카페인 함유량은 28ml 1oz당 드립 커피 12mg, 인스턴트커피 8mg, 에스프레소 63mg이며, 에스프레소로 만든 카푸치노와 카페라테 등도 동일하다. 카페인을 제거한 커피라고 해서 카페인이 전혀 없는 것이 아니다. 커피의 종류, 카페인 제거 방법 및 컵 크기에 따라 한 컵당 0~7mg의 카페인을 함유하고 있기 때문에 카페인 섭취가 금지된 환자들은 디카페인 커피라 할지라도 주의해야 한다.[10] 그 밖에 홍차 6mg, 녹차 2~5mg 카페인 함유 탄산음료 29mg와 같은 음료의 카페인양도 다양하다. 에너지 음료에 들어 있는 카페인은 종류별로 편차가 커서 3~35mg이 포함된다.

카페인 섭취의 중심에 커피가 있다. 드립 커피를 200ml 컵으로 하루에 3~5잔 마신다면 약 400mg의 카페인을 섭취하게 된다. 이는 건강한 식습관이라고 할 수 있다. 건강한 성인에게 적당한 커피 소비는 조기 사망이나 암과 같은 주요 만성 질환, 특히 심혈관 질환으로 인한 위험 증가와 관련이 없다는 것을 보여주는 강력하고 일관된 연구 결과가 있다. 그렇다고 커피를 포함한 카페인 음료를 마시지 않는 사람들에게 커피를 마시라고 권하는 것은 아니다. 카페인 함량이 높은 에너지 음료와 심혈관질환의 위험성 및 기타 건강 결과 간의 관계를 조사한 무작위 대조군 연구randomized controlled trials examining[11]에서 보면 제한적이고 혼합된 연구결과를 볼 수 있다.

또 에너지 음료와 같은 일부 카페인 함유 음료에는 설탕이 첨가되어 있어 이로 인한 문제가 발생할 수도 있다. 술을 마시는 사람은 카페인과 알코올을 혼합하거나 동시에 섭취하는 것에 주의해야 한다.

10) 미국 플로리다 의대 면역학 및 실험의학과 캐커스커 교수가 〈항독성저널journal of anal toxicology〉 2006년 10월호에 발표한 '디카페인 커피의 카페인 함량caffeine content of decaffeinated coffee'

11) 치료법의 효과 여부를 비교하기 위해 설계된다. 각 군의 구성원이 연구 시작 단계에서 연령과 성별 등의 변수 분포가 유사하도록 연구 대상자를 무작위로 배정한 후 치료가 시행되는 연구 대상군과 표준 치료 또는 위약placebo 치료를 받은 대조군의 결과가 추적관찰 종료 시점에서 비교된다. 연구 대상군과 비교 대상이 되는 대조군은 두 개의 군일 수도 있고 여러 군일 수도 있다

임신과 적당량의 커피 음용

2010년 8월 미국 산부인과학회American College of Obstetricians and Gynecologists, ACOG는 학회지에서 위원회 의견을 통해 적당한 농도의 카페인 음료를 마시는 행위, 즉 하루에 200mg 또는 커피 약 340ml 두 잔 정도에 포함된 카페인은 유산, 조산 또는 태아의 발육에 큰 영향을 미치지 않는 것으로 나타났다고 보고했다. 그러나 그보다 많은 카페인을 섭취할 경우의 영향은 알려지지 않았다고 했다.

한편 다른 연구 결과에 따르면 임신 중에 커피를 매일 세 잔 이상 마시는 여성은 커피를 마시지 않는 사람이나 적당량(두 잔 이하)의 커피를 마시는 사람보다 유산 위험이 더 높았다. 다만 커피가 그 원인인지 여부는 명확치 않다고 한다.

카페인의 이뇨 작용

커피를 많이 마시면 화장실에 더 자주 가게 되는데 카페인이 약한 이뇨제이기 때문이다. 즉 커피를 마시지 않는 경우보다 소변을 더 자주 보게 된다. 디카페인 커피는 소변 생산에서는 이뇨 작용 없이 단지 물과 같은 역할을 할 따름이다.

긴장감과 수면 장애, 불면증

그렉 블렌키Greg Belenky 워싱턴 주립대학교 수면연구센터 소장이 감수한 국가수면재단National Sleep Foundation의 칼럼이 커피(카페인)와 수면 장애의 관계를 잘 보여준다.

카페인은 각성제이므로 대부분의 사람들은 아침에 일어나거나 낮에 졸음을 쫓을 때 커피를 마신다. 카페인이 수면을 대체할 수 없다는 점에 유의해야 하지만, 일시적으로 수면을 유발하는 뇌의 화학물질을 차단하고 아드레날린 생성을 증가시킴으로써 우리를 더욱 각성된 상태로 유지시킨다. 카페인은 위장과 소장을 통해 혈류에 들어가며 섭취 후 15분 만에 자극 효과를 낸다. 몸 안에 섭취된 카페인은 상당 시간 동안 지속 효과를 가진다. 카페인이 반으로 감소되는 데 약 6시간이 걸린다.

카페인이 의존증을 일으킨다는 수많은 연구가 있다. 카페인에 의존하고 있다고 의심되는 경우, 최선의 방법은 커피 등 카페인 음료를 끊고 두통, 피로, 근육통 같은 금단 증상이 개선되는지 봐야 한다.

카페인은 각성제이므로 적당량으로 다음과 같은 증상이 나타난다.

- 기민성 증가
- 불면증 원인
- 두통, 긴장 및 현기증
- 불안감
- 과민 반응(화를 참지 못함)
- 빠른 심장 박동
- 과도한 배뇨

- 수면 장애
- 카페인 효과가 사라지면 '카페인 금단 증상'

이러한 증상이 나타나면 카페인의 섭취를 중단해야 한다. 카페인을 많이 섭취할 경우 증상이 더 악화될 수 있다. 어린이나 임부, 간병인은 카페인을 피해야 한다. 처방 약을 복용 중이라면 카페인을 섭취하기 전에 의사와 상의해야 한다. 음식과 음료에 포함된 카페인 함량을 알면 적당량의 카페인을 섭취할 수 있어 숙면을 취하는 데도 도움이 된다.

노년층 여성의 골 손실

크레이튼 대학교 의대에 소재한 국립환경과학원National Institute of Environmental Health Sciences, NIEH 재생산 및 발달 독성 연구실의 골 대사 연구 분야 프레마 B. 라푸리Prema B. Rapuri 박사가 미국임상영양학회American Society for Clinical Nutrition 저널 2001년 11월호에 에 발표한 '카페인 섭취에 따른 노년층 여성의 골 손실 속도 증가와 비타민 D 수용체 유전자형 1, 2, 3, 4의 상호 작용Caffeine intake increases the rate of bone loss in elderly women and interacts with vitamin D receptor genotypes 1, 2, 3, 4'에서 필터 커피를 하루에 3잔(200ml 기준)을 초과해서 마시는(카페인 300mg) 폐경기 여성(65~75세)은 카페인이 척추 골 손실을 가속화시키는 것으로 나타났다. 또한 비타민 D 수용체의 유전변이형을 가진 여성은 카페인이 뼈에 미치는 해로운 영향이 더욱 큰 것으로 보인다. 보스턴 터프스 대학교의 본 댑슨 휴즈Bone Dabson-Hughes 박사는 이를 예방하기 위해 노년층 여성이 적어도 매일 800mg의 칼슘을 섭취해야 한다고 권한다.

심혈관 질환

커피의 장기적인 섭취와 심혈관 질환의 위험을 조사하는 연구에 관한 체계적인 검토와 메타 분석이 2014년 2월에 발표되었다. 미국심장협회의 심혈관 질환 학회지 〈서큘레이션 저널Circulation Journal〉에 실린 하버드대 공중보건대학 영양학과 밍 딩Ming Ding교수 등은 논문 '커피의 장기 음용과 심혈관질환 위험성에 관해 비슷한 행동 습성을 가진 집단을 대상으로 장기적 변화 과정을 체계적 문헌 고찰과 용량반응으로 메타 분석한 연구Long-Term Coffee Consumption and Risk of Cardiovascular Disease a Systematic Review and a Dose?Response Meta-Analysis of Prospective Cohort Studies'에서 127만 명이 넘게 참여한 36건의 연구 결과를 분석했다. 이 데이터를 종합해 볼 때 하루 적당량인 3~5잔 정도의 커피를 섭취한 사람들은 심혈관 질환의 위험이 가장 낮았다. 하루에 5잔 이상의 커피를 마시는 사람들조차도 커피를 한 잔도 섭취하지 않는 사람들보다 심혈관 질환의 위험성이 높지 않았다. 여기서 말하는 커피는 설탕이나 우유를 넣지 않은 블랙커피다.

뇌졸중

2011년 11월 〈미국역학저널American Journal of Epidemiology〉에 실린 스웨덴 카롤린스카 연구소 수산나 라르손Susanna C. Larsson 박사의 논문 '커피의 음용과 뇌졸중 위험: 용량 반응의 전향적 연구에 관한 메타 분석Coffee Consumption and Risk of Stroke: A Dose-Response Meta-Analysis of Prospective Studies'은 48만 명 이상의 참가자를 대상으로 한 11건의 연구 결과가 분석되었다. 이번 연구 이전의 연구에서와 마찬가지로 하루 2~6잔의 커피를 마신 사람들이 한 잔도 마시지 않은 사람들에 비해 뇌졸중의 위험이 낮은 결과를 보였다.

2012년 11월 경희대 의대 연구진이 한국가정의학회의 학회지에 발표한 '커피 음용과 뇌졸중 위험: 역학연구의 메타 분석'에서 김병성 교수가 이 결과를 재차 확인했다.

심장 마비

하버드 의대 심혈관질환 역학 연구소 엘리자베스 모스토프스키Elizabeth Mostofsky 박사가 〈서큘레이션 저널〉에 2012년 7월 17일 실은 '습관적 커피 음용과 심장 마비 위험 용량반응의 메타 분석Habitual Coffee Consumption and Risk of Heart Failure: A Dose-Response Meta-Analysis은 커피가 심장 마비와 관련이 있는지 분석한 논문이다. 커피를 적당히 마시면 심장 마비 위험성을 낮추며, 하루에 4잔을 마시는 사람이 가장 낮은 위험도를 나타냈다. 하루 10잔 이상을 마셔야만 심장 마비와의 부정적 연관관계가 나타났다.

건강하기 위해 커피를 마시라고 권할 사람은 없겠지만, 적당량의 커피를 마시는 것은 지금까지 많은 사람들이 커피나 카페인의 위험성에 대해 들어왔던 것과 달리 모든 심혈관 질환의 발생률을 낮추는 것으로 보인다.

암

〈BMC 캔서BMC Cancer〉 저널에 2011년 3월에 게재한 '커피 음용과 암 위험: 코호트 연구의 메타 분석Coffee consumption and risk of cancers: a meta-analysis of cohort studies' 논문에서 중국 상하이 후동 병원 소화기내과의 쟈오팽 유 박사는 40개 전향적 연구를 포함해 메타 분석을 한 결과, 커피를 마시는 것이 암에 해로운 영향을 미치지 않는 것으로 확인되었다고 발표했다.

그동안 커피 음용과 암 위험성에 관한 연구는 신체 여러 부위의 각종 암에 관해 이루어져 왔지만 암 전체를 대상으로 실질적인 역학 연구의 증거를 종합한 포괄적 분석은 이루어지지 않았다. 이번 연구는 해로운 영향은 고사하고 커피 소비가 방광암, 유방암, 구강암 및 인두암, 대장암, 자궁내막암, 식도암, 간세포암, 백혈병, 췌장암 및 전립선암의 위험과 반비례한다는 결과를 도출했다.

간암

하루에 커피를 2잔 이상 마시면 간암 발병률이 상대적으로 40% 줄어든다. 미국소화기병협회의 학회지 2007년 5월호에 실린 스웨덴 카롤린스카 연구소 수산나 라르손 박사가 '커피 음용과 간암 위험의 메타 분석Coffee Consumption and Risk of Liver Cancer: A Meta-Analysis' 논문에서 발표한 내용이다.

또 이탈리아 밀라노 임상보건의료과학연구소의 프란체스카 브라비Francesca Bravi 박사가 〈소화기 및 간 임상학 저널Clinical Gastroenterology and Hepatology〉 2013년 11월호에 발표한 '커피의 간세포 암종 위험 감소 효과에 관한 최근 메타 분석Coffee Reduces Risk for Hepatocellular Carcinoma: An Updated Meta-analysis' 논문에 의하면 커피를 마시는 사람은 마시지 않는 사람에 비해 40% 가까이 간세포 암종의 위험을 줄일 수 있다고 한다. 또 커피가 간 효소와 간경화의 진행에 작용하며, 이로 인해 간암의 발병을 억제한다고 발표했다.

중국 의대 부속병원의 리슈안 상Li-Xuan Sang 박사가 2013년 2월 소화기학회의 학회지에 발표한 '커피 음용 관련 간암 위험 감소 메타 분석Consumption of coffee associated with reduced risk of liver cancer: a meta-analysis, Li-Xuan Sang' 논문에서 커피 음용과 간암 위험은 반비례 관계에 있다고 했다.

전립선암

우리나라 국립암센터 가정의학과 박창해 박사 등이 〈국제

비뇨기과 학회지BJU International Journal〉 2010년 10월호에 발표한 논문 '커피 음용과 전립선암 위험에 관한 역학 조사의 메타 분석Coffee consumption and risk of prostate cancer: a meta-analysis of epidemiological studies'에 따르면 통계적으로 볼 때 커피 음용이 전립선암 발병과 관계가 없는 것으로 나타났다.

유방암

미국 산부인과학회의 학회지 2009년 3월호에 발표된 국립 상하이신약안전성평가연구소 나핑 탕Naping Tang 박사의 '커피 음용과 유방암 위험에 관한 메타 분석Coffee consumption and risk of breast cancer: a meta-analysis' 논문에서 커피 음용이 유방암의 전반적인 위험과 관련이 없음을 시사했다. 커피를 많이 마시면 에스트로겐 수용체 음성 유방암의 위험을 감소시킬 수 있다는 결과가 나왔지만 이는 우연에 의한 것일 수 있으며 추가적인 연구가 필요하다고 했다.

폐암

국립 상하이신약안전성평가연구소의 나핑 탕 박사가 학회지 〈폐암Lung Cancer〉 2010년 1월호에 실은 논문 '커피 음용과 폐암 메타 분석Coffee consumption and risk of lung cancer: A meta-analysis'에 따르면 마시는 커피의 양과 폐암 발병 확률 사이에 양의 상관관계가 발견되었다. 하지만 흡연자들 사이에서만 상관관계가 성립했다. 즉 담배를 피우는 사람의 경우 커피를 많이 마시면 폐암에 걸릴 확률이 높아졌지만,

담배를 피우지 않는 사람들의 경우 커피와 폐암 발병률 사이에 아무 관련이 없었다.

기타 중요 질환

간질환

커피가 간 질환 위험이 있는 사람들의 위험성을 낮추는 결과를 나타냈다. UCLA 데이비드 게펜 의대의 새미 사브Sammy Saab 박사가 〈국제 간 학회지Liver International〉 2014년 4월호에 실은 '커피가 간 질환에 미치는 영향의 체계적 고찰Impact of coffee on liver diseases: a systematic review'에 의하면 기존 간 질환자의 경우 간 경변으로의 진행을 늦추는 효과를 나타냈다. 이미 간 경변증을 앓고 있는 환자의 경우 사망 위험을 낮추고 간암으로 진행되는 비율을 낮추는 결과를 보였다.

C형 간염 환자의 경우 항바이러스 요법에 대한 반응이 개선되고 비非알코올성 지방간 질환자 역시 개선 효과가 나타났다. 사브 박사는 만성 간질환자에게 매일 커피를 마실 것을 권장했다.

파킨슨병

중국 샨동 대학교 보건학과의 후이 키Hui Qi 박사가 국제 노인 및 노인병학회Geriatrics and gerontology International의 학회지 2014년 4

월호에 실은 논문 '커피와 차의 카페인 섭취에 따른 파킨슨병 위험에 관한 용량 반응 메타 분석Dose-response meta-analysis on coffee, tea and caffeine consumption with risk of Parkinson's disease'에 따르면 커피를 마시는 것과 신경계 장애에 대한 가장 최근의 메타 분석 결과 커피 음용이 파킨슨병의 위험을 낮추는 것으로 나타났다.

기억력 감퇴

UCLA 데이비드 게펜 의대의 레노르 아랍Lenore Arab 박사가 〈국제 영양 개선 리뷰Advances in Nutrition International Review Journal〉에 실은 '차, 커피, 카페인 섭취와 기억력 감퇴의 연관성에 관한 역학 연구 Epidemiologic Evidence of a Relationship between Tea, Coffee, or Caffeine Consumption and Cognitive Decline'에서 차, 커피, 카페인 섭취가 기억력 감퇴 증상을 낮춘다고 했다.

알츠하이머병

커피 음용과 알츠하이머병 사이의 관계를 분석한 결과 예방 효과라 부를 만한 관계를 잇달아 발견했다. 2013년 6월 스페인 코르도바 대학교 예방의학 및 공중보건의대 호세 루이스 바랑코 퀸타나Jose Luis Barranco Quintana 박사가 미국 영양학회 학회지에 발표한 논문 '알츠하이머병과 커피: 정량적 검토Alzheimer's disease and coffee: a quantitative review'에서 커피 음용이 알츠하이머병의 위험과 반비례한다고 볼 수 있는 효과들이 있다고 전했다.

제2형 당뇨병

네덜란드 암스테르담 프리예 대학교 영양보건학과의 롭 M. 반 담Rob M. van Dam 교수가 2005년 7월, 미국의학협회의 협회지The Journal of American Medical Association에 발표한 '커피 음용과 제2형 당뇨병 위험에 관한 체계적 고찰Coffee Consumption and Risk of Type 2 Diabetes: A Systematic Review'에 따르면 하루에 적어도 6~7잔의 커피를 마시는 사람에게서 가장 낮은 상대 위험도(약 3분의 1 감소)로 제2형 당뇨병 발병 위험이 현저히 감소한 것으로 나타났다.

하버드대 공중보건대학 영양학과 밍 딩 교수가 미국 당뇨협회지Diabetes care 2014년 2월호에 발표한 '커피와 디카페인 커피 음용과 제2형 당뇨병 위험: 체계적 고찰과 용량반응 메타 분석Caffeinated and Decaffeinated Coffee Consumption and Risk of Type 2 Diabetes: A Systematic Review and a Dose-Response Meta-analysis' 논문에서 최신 데이터를 사용해 28건의 연구와 110만 명이 넘는 환자를 조사해 커피를 많이 마실수록 당뇨병에 걸릴 확률이 낮아짐을 재차 확인했다. 또한 카페인 포함 여부는 상관없다는 사실을 보고했다.

오슬로대 의대 내과 트린 랜하임Trine Ranheim 연구원이 2005년 2월 〈분자 영양학과 식품연구Molecular Nutrition and Food Reseach〉에 발표한 '심혈관 질환 및 제2형 진성 당뇨병의 다양한 위험 인자에 대한 커피 소비의 영향 메커니즘Coffee consumption and human health-beneficial or detrimental?-Mechanisms for effects of coffee consumption on different risk factors for cardiovascular disease and type 2 diabetes mellitus'에 따르면 커피는 중요한 항산

화 작용을 하며 제2형 당뇨병의 위험과 반비례 관계가 있을 수 있다. 커피는 헤테로 고리 화합물과 같은 강력한 항산화 작용을 하는 생물학적 활성에 기여할 많은 다른 성분의 풍부한 원천이기도 하다.

모든 원인에 따른 사망

커피 음용이 모든 원인으로 인한 사망 위험과 관련이 있는지를 연구한 두 건의 분석 결과가 있다. 먼저 경희대학교 식품영양학과 제유진 교수가 2014년 4월 〈영국영양학회지British Journal of Nutrition〉에 발표한 '커피 음용과 총사망률: 20건의 전향적 추적 연구에 대한 메타 분석Coffee consumption and total mortality: a meta-analysis of twenty prospective cohort studies' 논문으로 총 100만 명 이상을 대상으로 한 20건의 연구의 메타 분석이 있다. 다른 하나는 이민 자오Yimin Zhao 중국 저장대학교 영양학과 교수가 2015년 5월, 〈공중보건영양학회지Public Health Nutrition〉에 발표한 '커피 음용과 모든 원인의 사망과의 연관에 관한 체계적 고찰, 메타 분석Association of coffee drinking with all-cause mortality: a systematic review and meta-analysis'으로, 총참가자 100만 명이 넘는 17건의 연구가 포함되었다. 이 두 연구 모두 커피를 마시는 사람들의 사망 확률을 현저하게 줄어들었다는 사실을 발견했다.

커피 음용에 따른 부정적 효과

앞에서는 대체로 커피가 건강에 미치는 좋은 효과를 살펴보았다. 이번에는 커피가 건강에 미치는 부정적 효과가 거론되는 연구를 살펴보겠다.

위장 장애

도쿄대 의학대학원 소화기 내과의 시마모토 다케시 교수가 2013년 6월 피어 리뷰peer review[12] 저널인 〈플로스 원PLoS One〉에 발표한 '위궤양, 십이지장 궤양, 역류성 식도염 및 비非부식성 역류 질환에 대해 커피 음용과 관련 없음: 일본인 8,013명 건강한 대상자[13]에 대한 횡단면 연구[14]No Association of Coffee Consumption with Gastric Ulcer, Duodenal Ulcer, Reflux Esophagitis, and Non-Erosive Reflux Disease: A Cross-Sectional Study of 8,013 Healthy Subjects in Japan' 논문에 커피와 위장 장애의 연관성이 자세히 소개되어 있다.

논문에서 위궤양과 십이지장궤양, 역류성 식도염, 비부식성 역류 질환 등 상부 위장 장애는 모두 위산 관련 질환으로 간주되었

---

12) 같은 전공 분야의 학술적 동료 연구원들이 논문 게재를 심의하는 방식.

13) 건강한 대상자인 이유는 어떠한 질환이라도 갖고 있는 사람은 위장장애가 발생한 경우, 그 원인이 커피 음용에 의한 것인지 기존 질환의 결과인지 판단할 수 없기 때문임.

14) 횡단면 연구cross-sectional study는 의학 연구 및 사회과학에서 인구 또는 특정 하위 집합에서 수집된 데이터를 분석하는 관측 연구 유형이다.

다. 따라서 카페인을 함유한 커피가 위산의 생성을 자극하고 결과적으로 이러한 질환의 위험을 증가시킨다는 것은 쉽게 생각할 수 있다. 특히 커피가 위궤양과 십이지장 궤양의 위험 인자라는 사실은 반복적으로 보고되어왔다.

그러나 건강한 대상자의 다변수 분석은 커피 음용과 상부 위·십이지장궤양 질환 사이의 유의미한 연관성을 발견하지 못했다. 이 연구를 포함해 추가로 메타 분석이 이루어진 결과는 커피와 위궤양, 십이지장궤양과의 위험성에 대한 연관성이 없는 것으로 나타났다. 시마모토 교수는 커피를 마셔서 얻을 수 있는 휴식 효과, 항산화 효과, 식물성 화학물질 효과가 위산 분비 증가로 인한 부정적 위험을 상회할 수 있다는 결론을 내렸다.

위·식도 역류 질환, 역류성 식도염, 비부식성 역류 질환의 경우 커피 음용과 유의미한 연관성을 발견하지 못했다. 과거의 연구에 따르면 커피 음용이 위·식도 역류 질환 증후군의 원인이 될 수 있다고 보고되었고 위산 생성을 촉진하는 효과 외에 만성 위산 역류를 유발하는 하부식도괄약근을 이완시키는 것으로도 보고되었다. 위산의 과도한 분비는 위와 십이지장뿐만 아니라 식도 점막에도 손상을 줄 수 있지만, 건강한 대상자의 다변수 분석에서는 커피 음용과 위·식도 역류 질환 사이에 유의미한 연관성을 발견하지 못했다. 다만 이 연구에서 커피에 우유나 설탕의 첨가 여부, 커피를 마신 시각 등 커피에 대한 자세한 정보가 부족했다.

커피와 고혈압

커피를 마시면 혈압이 일시적으로 상승한다는 것은 고혈압으로 인해 병원에 가본 적이 있는 사람들에게는 상식에 속하는 일이다. 혈압을 재기 전에 커피를 마셨는지, 마셨다면 언제 마셨는지 확인한 뒤 혈압을 재기 때문이다. 커피와 혈압에 관한 논문을 소개하는 것으로 커피와 혈압의 연관성에 대해 알아보겠다.

미국 로체스터 소재 메이요 클리닉 의과대학 예방, 작업치료, 항공우주의학과의 마크 슈테펜Mark Steffen 교수가 〈고혈압 저널 Journal of Hypertension〉 2012년 12월호에 발표한 논문 '커피 음용이 혈압에 미치는 영향 및 고혈압으로의 진행: 체계적 고찰 및 메타 분석 The effect of coffee consumption on blood pressure and the development of hypertension: a systematic review and meta-analysis'의 내용을 보면 커피는 혈압을 급격히 높이는 것으로 알려져 있지만, 만성 커피 음용이 혈압에 미치는 영향은 분명하지 않다.

낮은 품질의 증거[15)는 커피 음용이 혈압이나 고혈압의 위험에 통계적으로 유의미한 영향을 미치지 않음을 보여준다. 현재 이용 가능한 증거의 품질[16)을 고려할 때, 고혈압과 관련된 커피 소비에

---

15) 중요한 결과에 대한 판단은 최저 품질의 증거에 근거해 판단되어야 한다.

16) 밝혀진 증거의 품질과 권고의 강도the quality of the evidence and strength of recommendation: 의학적 연구 수행 중에 밝혀진 증거는 등급을 나누어 그에 따른 권고의 강도가 정해진다. 이 논문의 연구 결과는 커피 음용과 고혈압의 관계와 관련해 커피를 권하거나 피하라고 권고안을 마련할 수 없다는 뜻이다.

대해 권고할 수준의 증거를 확보하지 못해 커피의 음용을 권하거나 막을 수 없다는 뜻이다.

이 밖의 연구로 네덜란드 와게닝엔 대학교 영양학과의 말리스 노르지Marlies Noordzij 박사가 〈고혈압 저널〉 2005년 23호지에 발표한 논문 '만성 커피 음용과 카페인 섭취에 대한 혈압 반응: 무작위 대조군 연구에 대한 메타 분석Blood pressure response to chronic intake of coffee and caffeine: a meta-analysis of randomized controlled trials'에 따르면 410mg의 카페인에 해당하는 커피를 마신 집단과 같은 양의 카페인만을 섭취한 집단을 비교한 분석에서 카페인만을 섭취한 집단의 혈압 상승이 더 큰 것으로 나타났다.

카페인 섭취는 혈압을 증가시키지만, 커피를 통해 카페인을 섭취했다면 혈압 상승 효과는 적다는 뜻이다.

커피와 콜레스테롤

커피는 식물의 씨앗, 즉 종자이므로 모든 종자에 함유된 종자유를 지니고 있다. 따라서 커피를 마시면 볶은 커피의 지방질lipid 중 카페스톨과 카와웰kahweol 섭취가 혈중 저밀도 지방단백질LDL 콜레스테롤 수치를 증가시킬 수 있다는 주장이 제기되어 왔다.

혈중 콜레스테롤이 관상 동맥 심장 질환을 유발할 수 있다는 위험성 때문에 커피 가루를 주전자에 넣어서 끓여 마시는 스칸디나비아식 보일드 커피는 더욱 그런 의심을 받아왔다. 네덜란드 나이메겐 대학교 의대의 마리케 반 뒤셀도프Marijke van Dusseldorp 교수가 〈동맥경화, 혈전증 및 혈관 생물학 저널Arteriosclerosis and Thrombosis A Journal of vascular biology〉 1991년 5월호에 발표한 '보일드 커피의 콜레스테롤 상승 원인 성분은 종이 필터를 통과하지 못한다Cholesterol-raising factor from boiled coffee does not pass a paper filter'의 내용에 따르면 스칸디나비아식 커피 음용으로 총콜레스테롤과 LDL 콜레스테롤이 증가하는 반면 종이 필터로 여과된 커피는 그렇지 않았으며 스칸디나비아식 커피를 마신 사람들의 혈중 총콜레스테롤 수치가 상승했다고 보고했다.

1993년 다른 연구에서 커피를 추출하는 방식에 따라 지방질의 양을 측정했더니, 추출 전 커피 가루가 가지고 있는 지방질의 양을 100으로 환산했을 때 종이 필터를 거친 드립 커피는 0.2%, 에스프레소 커피는 0.4% 스칸디나비아 커피는 2.2%의 지방질이 함유되어 있다는 결과가 나왔다.

에스프레소 커피에 관한 콜레스테롤 상승에 관한 연구 논문으로는 네덜란드 와게닝엔 농대 영양학과의 롭 우르게트Rob Urgert가 〈왕립의학회 저널Journal of the royal society medicine〉 1996년 11월호에 발표한 '커피 원두 속의 콜레스테롤 상승 요인The cholesterol-raising factor from coffee beans'이 있다. 이 논문에 따르면 스칸디나비아식 보일드 커피, 플런저 추출 커피, 터키식 커피의 경우에는 커피를 마심으로써 혈중 콜레스테롤 농도가 상승할 수 있다. 하지만 인스턴트커피에는 이 카페스톨, 카와웰 같은 디테르펜이 거의 포함되어 있지 않으며 에스프레소 커피에는 여과되지 않은 커피의 약 20% 이하에 해당하는 디테르펜이 함유되어 있다. 우르게트는 논문을 통해 에스프레소 커피는 한 잔의 양이 소량이기 때문에 적당량을 섭취하면 혈중 콜레스테롤 농도에 거의 영향을 미치지 않을 것으로 예상했다. 또 커피로 인한 디테르펜 섭취가 콜레스테롤 수치에 미치는 영향은 일시적이라고 했다.

우리나라에서 커피를 마실 때 스칸디나비아식이나 터키식으로 추출해 마시는 경우는 거의 없기 때문에, 콜레스테롤 수치가 신경 쓰이는 사람이라면 플런저로 추출한 커피만 주의하면 되겠다.

커피와 건강

커피와 건강의 관계에 대해 조금 어렵지만 신뢰성 있는 다양한 논문들을 살펴보았다. 커피는 일부 질환에는 좋지 않은 영향을 미치기도 하지만 전반적으로 건강에 도움이 되는 식품임을 알 수 있다. 그럼에도 오랜 시간, 많은 사람에 의해 불면증을 가져오고 심장을 두근거리게 만들며, 혈압을 상승시키는 원인으로 취급되었다. 또 치아에 변색을 가져오고, 위산을 증가시켜 위장장애를 일으키며, 임신부는 절대로 마시면 안 되는 음료로 인식되었다. 심지어 발기 부전을 일으킨다는 오해도 받았다.

그러나 이런 인식은 점차 바뀔 것으로 보인다. 2016년 1월 7일 미국 보건복지부와 농무부가 공동으로 개정한 2015~2020년 8차 개정판 〈미국인을 위한 식생활 지침〉 권장 식단을 보면, 커피를 마시는 것이 건강에 나쁠 것 없다는 수준을 넘어 건강을 위해 커피를 마시는 것이 좋다는 내용이 담겨 있다.

커피는 취향에 따라 마시는 기호음료로 역사 속에서 오랫동안 많은 사람들에게 사랑받으며 소비되어 왔고 지금도 그렇다. 커피 자체적으로 역사를 만들었으며 문화로 자리 잡을 만큼 인류에게 중요한 음료가 되었다.

우리가 어떤 원리로 커피의 맛과 향이 나는지 알면 더 맛있는 커피를 마실 수 있으며, 우리 몸에 어떤 작용을 하는지 알고 마신다면 건강에 이로운 커피 습관을 들일 수 있다. 이것이 이 책이 지금 여러분의 손에 있는 이유다.

닥터 커피

초판 1쇄 발행 2018년 3월 26일
초판 3쇄 발행 2018년 8월 30일

지은이 이진성
발행인 이한우
총괄 한상훈
편집장 김기운
기획편집 김혜영 정혜림 조화연 **디자인** 이선미 **마케팅** 신대섭

발행처 주식회사 교보문고
등록 제406-2008-000090호(2008년 12월 5일)
주소 경기도 파주시 문발로 249
전화 대표전화 1544-1900 **주문** 02) 3156-3681 **팩스** 0502) 987-5725

ISBN 979-11-5909-636-5 03590
책값은 표지에 있습니다.